富士山大爆発のすべて

いつ噴火してもおかしくない

Shimamura Hideki
島村英紀

花伝社

富士山大爆発のすべて――いつ噴火してもおかしくない◆目次

第2章　もし富士山が噴火したら　38

第3章　火山の成り立ち　53

第5章　日本人が見た富士山の過去　92

第6章　富士山最後の大噴火は三〇〇年前の宝永噴火　114

第7章　噴火予知は難しい　150

第8章　破局噴火・そして原子力発電所を持つ「無謀」　182

おわりに　火山国ニッポン　206

はじめに

富士山は過去の何度もの噴火で火山灰や熔岩が積もってきた円錐（えんすい）型をしている。つまり、典型的な成層（せいそう）火山なのである。

富士山は噴火で出て来た火山灰と熔岩が互層になった、菓子のバウムクーヘンのような作られ方をしてきた火山である。それゆえ層を成す、つまり火山学では「成層火山」という。

富士山は日本人の心のふるさとだ。高さだけではなく、底辺が約50キロもある大きな孤立峰で、美しさでも日本一だと思っている人は多い。

ところで、富士山は日本ではいちばん美しい山として考えられているが、太平洋プレートが同じように陸の下に沈みこんでいるところでは、同じような形の火山がいくつもある。同じような成因だと同じような形をした火山が出来るのである。

たとえばロシア・カムチャッカにあるクリュチェフスカヤ山は、まるで葛飾北斎が誇張して描いた富士山のように、日本の富士山よりも、もっと尖ってそびえている。クリュチェフスカヤ山の標高は噴火するたびに変わるが、いまの高さは四七五〇メートル。富士山よりもずっと高い。この火山はカムチャッカの最高峰で、またヒマラヤにある高峰をのぞけば、ユーラシア大陸の最高峰でもある。

噴火の品ぞろえも日本一！

富士山は、いままでにいろいろなタイプの噴火をしてきた。いわば「噴火のデパート」のようなものだ。

噴火する場所が山頂だったり山腹だったり、その時々によってまるで異なる。

一〇八三年に起きた爆発的な噴火も、また一〇三三年に起きた熔岩が大量に流れ出る噴火も、もっと前には火砕流(かさいりゅう)が出る噴火もあった。噴火の途中でマグマの成分が変わったこともある。

知られているだけでも富士山は何十回もの噴火をしてきている。

平安時代は四〇〇年間あったが、はじめの三〇〇年間で一〇回も噴火したのが目撃されている。

有史以前の噴火も、地質学的な調査から分かっている。

静岡県御殿場の市街地は標高五〇〇メートル前後の、傾斜はしているが平らに拡がっている町だ。これは有史以前に富士山が起こした山体崩壊のときの岩屑なだれが作った平地である。

このように、富士山は有史以前から、さまざまな種類の「事件」を起こしているのである。

異常すぎる沈黙期間――大噴火の前触れ⁉

しかし不思議なことに、一七〇七年の「宝永噴火」があって以後、富士山は噴火していない。そこから現在に至るまで約三〇〇年間も噴火が見られないのは、過去の噴火歴からすると異例の休止期間である。

だが、これから永久に噴火しないことはあり得ない。地球物理学的にいえば、富士山は「いつ噴火しても不思議ではない状態にある活火山」なのである。

世界的に見ても、長い休止期間のあとの噴火の規模は大きかったことが多かった。これも富士山にとっては不安要素である。

しかし、いつ、どんな形式で噴火するのか、それを予知することはいまの科学では不可能である。

日本を代表する山であり、夏になれば登山客で溢れかえる富士山だが、注目度のわりに、予知体制が脆弱であることは意外に知られていない。

また、近年になって、富士山のハザードマップが作られ、地元自治体や観光客向けに、噴火の際の避難経路などを示した地図が配布されるようになった。近隣住民や登山客の関心も高まっている。それに比べて東京などの都市部に住む人々の関心は薄い。しかしひとたび宝永噴火クラスの大規模な噴火が起これば、東京に二時間ほどで火山灰が到達する。詳しくは後述するが、首都圏にも甚大な被害が出る。

本書は、富士山噴火について、観測や学問がどこまで進んでいるのかを、主として地球物理学的な視点から書いた。そこから見えてくるのは、富士山は、たんに「日本一高く、日本一美しい」山という側面だけではない。

なお、私はこの本の前に『火山入門——日本誕生から破局噴火まで』（NHK出版新書、二〇一五年）を書いている。火山全般については、もし興味があれば、そちらも参考にしてほしい。

第1章　不十分な富士山の監視

第1節　富士山で起きている二種類の地震

富士山観測でどこまで分かっているのか

富士山は噴火する可能性がある活火山のひとつだ。しかも、今後、詳しく述べるように、いつ噴火するか分からない火山でもある。

そして、もし噴火したら大きな影響がある。このため、富士山の観測は、もちろん行われている。しかし、観測はけして十分なものではない。

現在行われているのは、富士山の周囲での地震観測と地殻変動の観測、それに空振計による空気の振動（音）の観測や遠望カメラによる監視である（34頁の図）。

このうち古いものは地震観測で、すでに三〇年以上にわたって行われてきている。どこの火山でも、地震観測がいちばん頼りにされている。それは火山のどこに、どんな地震が起きるか、それがどう変化するかが、火山活動のバロメーターになるからである。

富士山の地震を解明！

地震観測の結果、富士山の下に起きている地震には二種類あることが分かってきた。ひとつは「火山性地震」であり、もうひとつは「低周波地震」である。ともに小さな地震で、多くは身体には感じず、地震計だけが感じるものだ。

このうち火山性地震は月に一〜一五回ほど、山体のあちこちで起きてきている。ほとんどは人体に感じない小さな地震だ。近年、とくに増えてきたようには見えない。

二〇一一年の東日本大震災（地震名は東北地方太平洋沖地震）のあとで一時的に月二〇〇〇回まで増えたが、その後はおさまりかけている。これはあとの節で述べる東北地方太平洋沖地震による誘発地震、富士山直下のマグニチュード6・4の地震の余震と思われる。

火山性地震は、普通に起きる地震と周波数や振動継続時間は変わらない。たんに火山の中や周辺に起きるから、火山性地震だと考えられているものだ。

一方、低周波地震は普通の地震よりはずっと周波数が低い特別な地震で、マグマや火

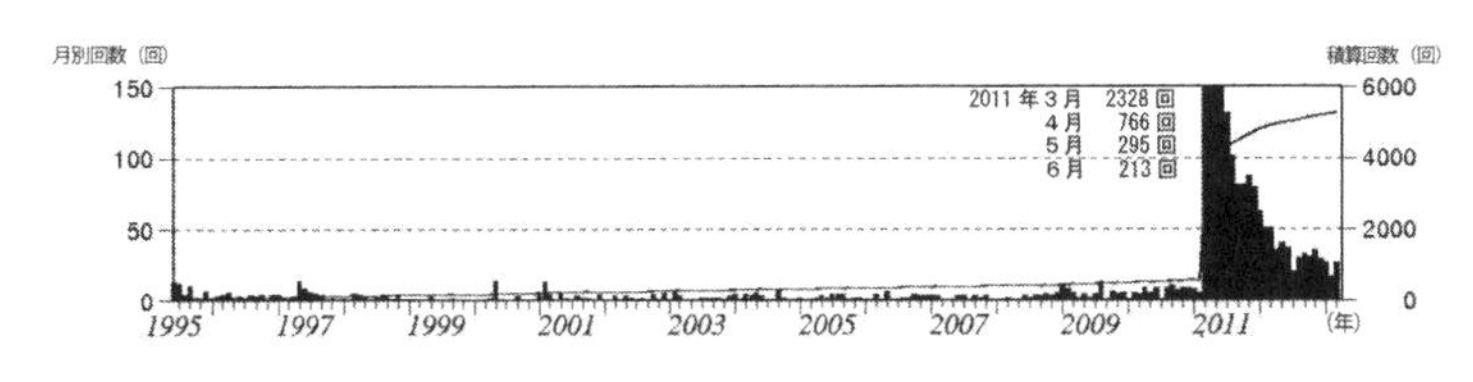

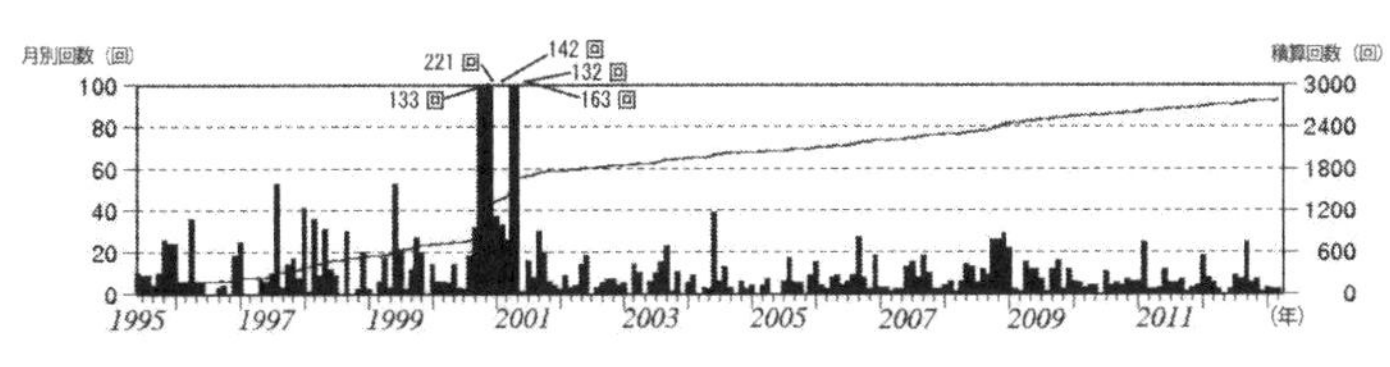

図①：富士山の下に起きている地震数の推移。出典は気象庁。

山性ガスの動きと関係していると考えられている。富士山以外のほかの火山地帯でも観測されることがある。

普通の火山性地震と低周波地震、この二種類の地震を分けて数え始めたのは一九九五年以後だが、図のように、それぞれ増減を繰り返してきている（図①）。

このうち、低周波地震は、富士山ではとくに注目されているものだ。

富士山に起きている低周波地震は、富士山の下、一五～二〇キロという深い場所だけで、ずっと起き続けている。観測された回数は月に数回～五〇回ほどだった。これらも火山性地震と同じく、人体に感じないごく小さな地震である。起きている深さは富士山の標高の五倍ほど下になる。

噴火はいつするのか

前頁の図にあるように、二〇〇〇年の後半から二〇〇一年にかけて低周波地震は急増し、月に二〇〇回を超えたことがある。これは、富士山の地震観測が本格的に始まってからの約二〇年間で、いちばん多い数だった。

低周波地震が異様に増えたことで、地球物理学者や地元に緊張が走った。地元の新聞にも報道された。だが、結局、二〇〇一年の後半には、なにごともなく収まって以前の状態に戻ってしまった。

その後、低周波地震は二〇〇八～二〇〇九年にはやや多かったが、これも一時的なもので、それ以降も同じような増減が続いてきている。この二〇〇〇年から二〇〇一年に富士山の地下で何が起きていたのかは分かっていない。ちなみにこの時期に、ふつうの火山性地震はとくに増えたわけではなかった。

だが世界に目を向ければ、低周波地震には怖い前例がある。後述するが、一九九一年に二〇世紀最大の噴火を起こしたフィリピンのピナツボ火山で低周波地震が起きてからほどなく大噴火したことである。

ピナツボ火山では一九九一年四月にマグマ水蒸気爆発を一回起こしたが、その後は静かな状態が続いていた。しかし五月末に低周波地震が群発したことが観測されたあと、約三週間後の六月一五日に激しい噴火を起こしたのであった。ただし、168頁に述べる岩手山のように、火山の下で低周波地震が観測されても噴火しなかった例も多い。

すでに起きていた⁉　富士山巨大地震

近年、富士山周辺で起きた地震でもっとも大きかったのは、二〇一一年の東北地方太平洋沖地震の四日後に起きた地震である。富士山直下で起きた。マグニチュード6・4という大きなものだった。静岡県の地元では震度6強を記録した。

幸い大きな被害はなかったが、これは東北地方太平洋沖地震による誘発地震がここで起きたものだと考えられている。

だがその後、富士山でそれまで起きていた普通の火山性地震や低周波地震の起きかたが変わったことは、いまのところない。

第2節　山体膨張はマグマや火山性ガスが上がってくることの指標

超感度観測器の盲点

火山の山体の形を精密に測ることによって山体膨張が分かる。山体膨張は火山の下からマグマや火山性ガスが上がってくることの指標だと考えられている。山体膨張の観測は地殻変動観測の一種である。

山体膨張を測るにはいくつかの方法がある。いちばん精密なのは火山の山腹にトンネルを掘って、地下にある固い岩盤の上に地殻変動の観測器を設置することだ。

地殻変動の観測器としては、傾斜計や伸縮計がある。この種のトンネル内での観測は鹿児島・桜島や北海道・樽前山などで行われている。

しかし、火山の膨張を代表するような基盤岩を見つけて、そこまで穴を掘って観測器を設置することは容易なことではない。とくに富士山のように、溶岩と火山灰が互層になっているところでは、基盤岩というものがそもそもなく、その上に設置することは、ほとんど不可能である。

もっと簡易な方法として、トンネルを掘らずに火山の山腹に傾斜計を設置する方法がある。この手法を採っている火山は多い。

東京・仙台間で十円玉の厚さ分の変化

現代の傾斜計そのものは感度が高く、東京・仙台間で十円玉の厚さ分の変化があっても記録できるほどだ。しかし、火山の山腹は富士山に限らず、一般には火山灰や、柔らかくて間隙も多い火山噴出物で覆われていることが多い。また、雨が降ると観測データに影響してしまう。

このため、感度の高い測器で測って傾斜変化が記録されたとしても、その結果が火山全体の山体膨張を代表するものかどうかに疑問が残ることが多い。つまり、たとえ「山体膨張」が観測されても、それがどのくらいあてになるものか分からないことがあるのだ。

第3節　人工衛星からの観測も動員

GPSは有効か

そのほか、山体膨張の観測には、GPSという人工衛星を使った測地学的な方法もある。これもあちこちの火山の山腹に標石を置いて、それぞれの位置の変動を精密に測るものだ。しかし山腹での傾斜計の観測と同じく、柔らかい山腹の上に観測器を置いて測っても、火山そのものの動きを代表しているかどうかという問題がある。

富士山の地殻変動観測にもいくつかの傾斜計は設置されているが、GPSによるものが主だ。前述したような疑問は残るものの、富士山の山体膨張についての観測結果がある（図②）。

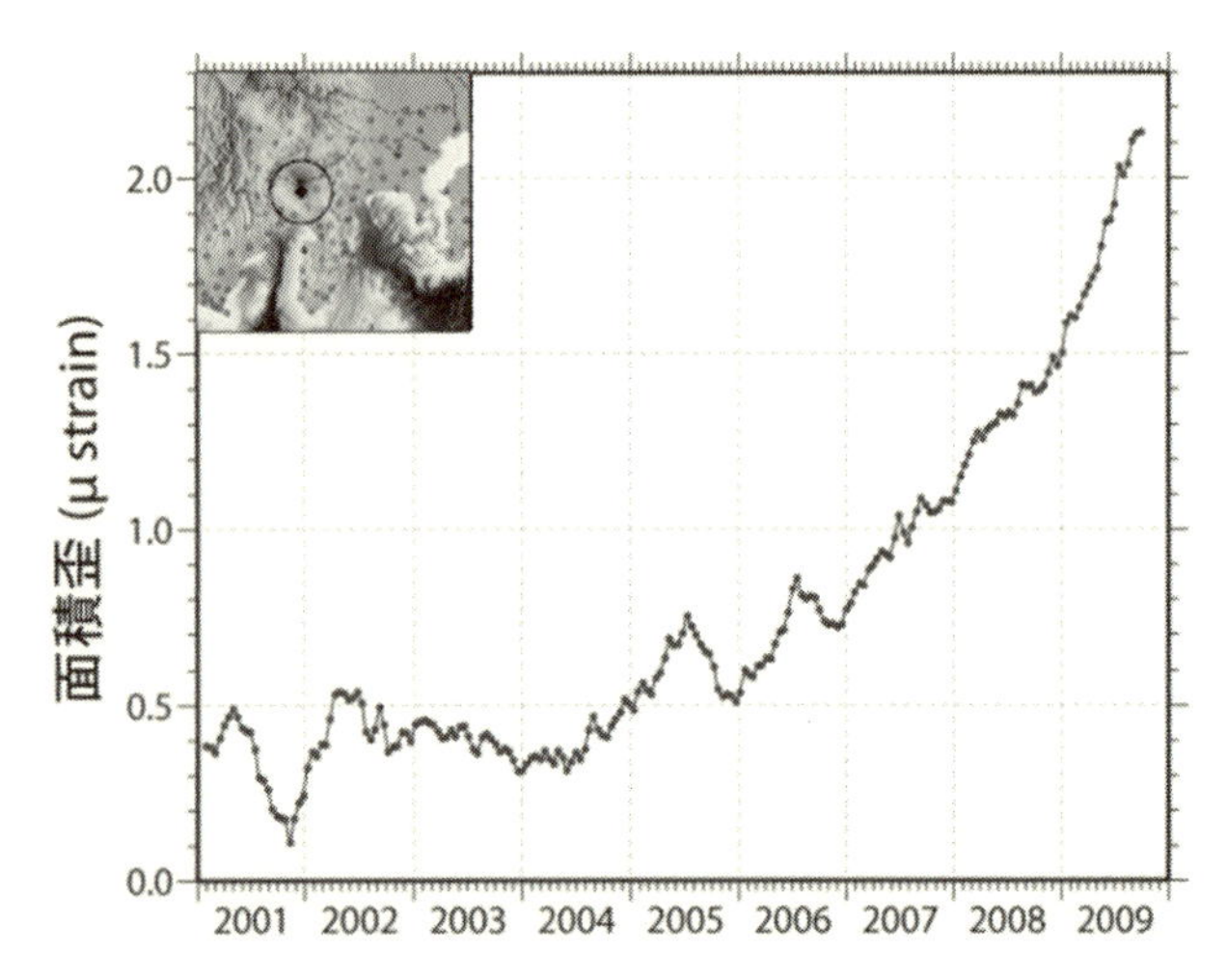

図②：神奈川温泉地学研究所の 2001 ～ 2009 年のデータ、縦軸は富士山頂を取り囲む直径二〇キロの円内の面積歪

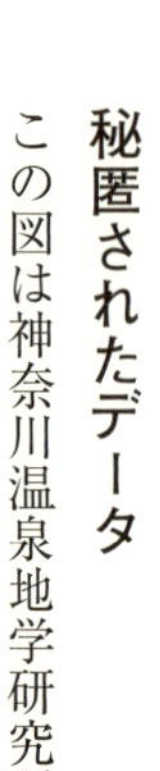

秘匿されたデータ

この図は神奈川温泉地学研究所が国土地理院によるＧＰＳ測量の結果を再計算して得たデータである。これを見ると富士山の山体膨張は年々進んでいるようで、とくに二〇〇六年以後は、その変化が加速しているように見える。

前に述べたように、山体膨張はマグマや火山性ガスが上がってくる指標と考えられるので、噴火の可能性を知る上で重要である。しかし、同研究所はその後のデータを発表していない。その理由は１４６頁で詳しく述べる。

このほか、合成開口レーダー（Ｓ

AR）と言われる手法も、箱根などで近年使われるようになって、火山の監視に有用なことが分かりつつある。これは人工衛星からレーダー波を発射して地表の地殻変動を面的に捉える手法だ。センチメートル単位の地面の上下が分かる。

だが、水蒸気の影響を受けやすいことや、地表が雪で覆われていると使えないことなど、問題点もある。火山の場合には噴気があることが多く、水蒸気の影響を受けやすいことが問題になることが多い。

第4節 「閾」の値が分からない

観測上、最大の問題

このように、富士山では地震も地殻変動も観測が行われているが、大きな問題がある。それは観測の結果がどのくらいまでいったら噴火するかという「閾（しきい）」の値が分かっていないことだ。

158頁に述べるように、北海道・有珠（うす）山では過去七回の噴火とその前兆が知られているのとは違って、富士山の場合には約三〇〇年前の直近の宝永噴火の前でさえ、どういう変化や前兆があったかはまったく分かっていない。

図③：河口湖の水位低下（2013年4月。六角堂）＝島村英紀撮影

つまり現在精密な観測はしていても、それがどのように変化したら噴火するのか、という「閾」が分かっていないのである。

富士五湖で異常な水位低下

目に見える異変についても、それが「噴火の前兆」であるかどうかが分からない。

近年、いくつかの異変が報告されている。富士五湖のひとつである河口湖で異常な水位の低下があった（図③）。

河口湖の水位が低下したために、いつもはボートでしか近づけない富士河口湖町指定文化財の「六角堂」

が陸続きになったのである。この現象は二〇一三年にも、二〇一五年にも起きた。だが、その後はもとに戻っている。

また、富士山北側山腹にある滝沢林道（県道富士上吉田線（吉田口登山道）から分岐して、富士山五合目へ向かう林道）に大きな亀裂が入った。

そのほか、同じく北側の山腹にある氷穴で昔より氷が融けた。また、北側の山腹で五合目の小御嶽神社の近くで地割れが出来た。西南の山麓で多量の地下水が地上に噴き出したこともある。

しかし三〇〇年前の噴火の前に、これらと同じような現象が起きたのか、起きていたとしてもそれらが「前兆」であったかどうかも分かっていないのである。

第5節　噴火警戒レベルは三四火山で導入

噴火警戒レベル1で噴火――死者六三名

「噴火警戒レベル」というものがある。気象庁が二〇〇七年から導入して、活動的な火山に設定するものだ。二〇一六年三月に北海道のアトサヌプリと恵山（えさん）を追加したので、現在、全国の活火山のうち三四火山で発表されることになっている。噴火警戒レベルは

1～5までの5段階ある。

二〇一四年九月に起きた御嶽山噴火は、死者行方不明者六三人という戦後最大の火山災害になってしまった。

当時、御嶽山は噴火警戒レベルが1という、山頂まで登ってもいいレベルで、しかも快晴の土曜日、紅葉シーズンの昼時ということで多くの人たちが山頂付近に集まっていた。ちょうどそのときに噴火が起きてしまい、たいへんな不幸をもたらした。

超破壊力！　水蒸気爆発

この噴火は「水蒸気爆発」として発生した。この噴火はマグマ成分を含まず、森林火災を引き起こすほど高温ではなかった。飛び散ったのは過去の噴火で出ていた火山灰や噴石だった。

「水蒸気」爆発というと、まるでヤカンから出る湯気のように威力のないものに聞こえるかもしれないが、そうではない。水は一グラムで一立方センチの体積を占めるが、これが一〇〇℃になると四五〇〇立方センチの体積にも膨張する。閉じた空間ではたいへんな圧力になる。このため水蒸気爆発はすさまじい威力になることが多い。

このほか「マグマ噴火」というものがある。これはマグマが地表まで出てきて、しかも噴火を起こすもので、水蒸気噴火よりもさらに大きな火山災害を引き起こすことが多い。

第6節　噴火警戒レベルには数値的な基準がない

警戒レベルに客観的裏付けはない

二〇一六年六月に口永良部島（鹿児島県）の「噴火警戒レベル5」つまり「避難」が、「噴火警戒レベル3」つまり「入山規制」に下がった。

このほか「噴火警戒レベル3」が桜島（鹿児島県）、「噴火警戒レベル2」つまり「火口周辺規制」の火山が十勝岳（北海道）、阿蘇山（熊本県）、吾妻山（福島・山形県境）、浅間山（長野・群馬県境）、草津白根山（群馬県）、御嶽山、新燃岳（鹿児島・宮崎県）、諏訪之瀬島（鹿児島県）である。ちなみに「噴火警戒レベル4」は「避難準備」とされている。富士山はレベル1である。

じつはこのレベルの決め方は客観的でもなく、数値的な基準があるわけでもない。警戒レベルを決める学問的な基準はない。つまり、ある機械で測っていて2・9が3・0になったら警戒レベルを1段上げる、といった客観的な基準はないのである。

174頁に述べるように、噴火の予知や、いまどのくらい噴火に近づいているかを学問的に知ることは、一般的にはとても難しい。これには火山の性質が火山ごとに大きく異なっていることが大きな理由である。

いくつかの火山で、過去の履歴が十分に知られているときには、噴火が近づいていることが例外的に分かることもある。しかし、すべての火山で統一した基準を作ることは出来ていない。

勘だのみの世界

それゆえ、現在の「噴火警戒レベル」は、火山ごとに違った尺度をあてはめざるを得ない。しかし、ちゃんとした記録が残っている過去の噴火の例が少ない火山では、過去に噴火したときの前兆、つまり、噴火の前に何があったのかが分かっていない。

このため、噴火警戒レベルは、よくても経験と勘に頼ったもの、経験がなければ勘だけに頼ったものしかないのである。

たとえば富士山は過去に起きた最後の噴火である宝永噴火（一七〇七年）の前に、どんな前兆があったのかは、ほとんど分かっていない。箱根はさらに分からない。それは、もっと前にしか噴火歴がないからだ。

人命よりもカネ

そして政治的な判断もある。箱根の噴火警戒レベルを二〇一五年一一月に下げたように、年末年始の観光シーズンを控えて地元の経済を考えた判断もある。防災よりも経済を優先したとも言われかねない判断であった。

御嶽山も172頁に述べるように、過去の噴火例がごく限られている火山である。二〇一四年の御嶽山の噴火のように、日本のどこかの火山でいままでの経験では予想できない噴火が起きてしまうことは、これからも十分考えられることなのである。ほかの火山も御嶽山と同じ危険があるのだ。

第7節　文言を替えただけの「レベル1」

噴火速報が導入されたが……

御嶽山では「噴火警戒レベル」を上げなかったことが被害を生じた。165頁に述べるが、一方で二〇一五年八月の桜島のように、「噴火警戒レベル」を上げても、結局は噴火しなくて空振りになってしまった火山も多い。かくも「噴火警戒レベル」は決めるのがむつかしく、またあてにもならないものなのである。

御嶽山が二〇一四年に噴火するまでは「噴火警戒レベル1」とは「平常」とされていた。つまり、山頂を含めて火山のどこに登ってもいいということだった。

御嶽山が噴火して半年後の二〇一五年春、気象庁に事務局を置く火山噴火予知連絡会の検討会は、噴火警戒レベル1の表現を「平常」から「活火山であることに留意」と改めた。

しかし「平常」を「活火山であることに留意」と文言を替えただけでは、なにも変わらない。噴火口がある山頂まで行っていいことも、噴火警戒レベルが経験と勘に頼ったものでしかないことも同じだ。

責任転嫁のための導入

活火山であることは先刻知られているはずだ。あえて言えば、レベル1のときに火山災害が起きてしまったときの責任を登山者に押しつけて、お役人の責任を少しでも軽くしたいだけのものだろう。

本来、噴火警戒レベルとは、「これから火山活動が活発化するから気をつけなさいよ」というもののはずだ。だが、御嶽山にせよ、口之永良部島にせよ、噴火してから慌ててレベルを上げたものだ。

このほか「噴火速報」というものが新たに導入された。「噴火速報」とは、登山客など個人の携帯電話などに知らせる仕組みだ。しかしこれは、あくまで「現状のお知らせ」であって予報ではない。

登山客や観光客は、噴火警戒レベルや噴火速報がこの程度のものであることを十分知ってから、火山の近くに出かけるべきであろう。

第8節　気象庁は経験や知識が少なく「マニュアル」だけが頼り

専門家を外した気象庁

じつは、二〇〇七年に噴火警戒レベルの仕組みを気象庁が導入したときに、大学の研究者たちは危惧していた。

雲仙普賢岳や有珠（うす）山は、それぞれの火山にホームドクターのように張り付いて研究を続けてきた大学の先生がいた。それぞれの火山について、もっともよく知り、また地元の信望も厚い先生たちだった。

二〇〇七年から導入された新しい仕組みでは、それらのホームドクターの先生たちを最前線から下がらせてしまって気象庁が前面に出てきた。だが、気象庁には研究の蓄積もなく、それぞれの火山の研究や監視のレベルが下がってしまうのではないかと大学の研究者たちは恐れたのだ。それがこの数年、あちこちの火山で現実のことになってしまったのである。

二〇〇〇年の有珠山の噴火予知に成功したのも、岡田弘（ひろむ）さんというホームドクターの北海道大学の先生が「噴火が近い」と気象庁に強く申し入れたことによって避難がはじまり、人的な被害を避けられたのだった。

気象庁以外は噴火予知禁止

気象庁以外は、噴火の予知情報を出すことは禁止されてしまった。これは二〇〇七年に改訂された気象業務法と施行令によるもので、噴火予知が気象災害、水害、地盤災害などと同じ「警報」の扱いになって以来のことである。

これによって、民間はもちろん、かつては地元に対してやっていた大学や専門の研究所が噴火についての予知情報を出すことは出来なくなってしまった。

また、大学や専門の研究所でさえ、かつて地元に対して行っていた噴火の予知情報を出すことも出来なくなってしまった。

しかし、研究者がマスコミの取材を受けて見解を述べたり、地元協議会の席でアドバイスすることまでは規制しきれていない。つまり「建前」どおりには運用できていないのが現状で、それだけに、かえって混乱を来たしている。

二〇〇七年以後、噴火警報が発表された場合の住民や各機関への周知や通知は、気象庁が公式に行うことになった。各機関とは都道府県、消防庁、海上保安庁、警察庁、NTT東日本・西日本などである。

しかし問題は、気象庁に地震や火山の生え抜きで経験の蓄積がある職員がいないことなのである。近年は、気象庁のすべての職員は、気象や海洋の人たちと混じって庁内を異動する仕組みになっている。つまり、気象庁も「ふつうのお役所」になってしまったのである。

このため、地震や火山噴火の経験や知識が少なく「マニュアル」だけが頼りの職員がコンピュータ画面の前に二四時間態勢で座っている構図になってしまった。

かつての気象庁は優秀だった

昔は、気象庁の地震や火山の職員の研究レベルがずっと高かった。たとえばプレート・テクトニクスという学説を組み立てる元になった深発地震を発見したことやその深発地震の初期の研究は気象庁（当時は、その前身の中央気象台）の職員が行っていたものだ。

また、一九七〇年代までは、乞われて大学の地震の先生になる気象庁職員も何人もおられた。気象庁の職員が発表する論文のレベルも高かった。

だが、近年は違う。また、大学で火山の研究をしてから気象庁の職員になった専門家もほとんどいない。つまり気象庁の職員の研究レベルが一昔前よりも下がってしまっているのだ。

マニュアル対応が招いた3・11の悲劇

二〇一一年に起きた東北地方太平洋沖地震のときも、「途方もない地震」ということが分からないまま、「岩手・宮城で三〜六メートルの津波」という過小な警報を出してしまったのも、マニュアルだけが頼りになってしまった気象庁の仕組みゆえのことであった。

この過小な警報は、のちに訂正されて、もっと大きな大津波が来るという警報に変わった。しかし、多くの消防署員や消防団員は最初の警報で海岸沿いの水門を閉めに飛び出して行ったあとであった。

消防署員や消防団員に多くの犠牲者が出てしまったのは、最初の過小な警報のせいである可能性がないとはけっして言えないだろう。

第９節　他人頼みの気象庁の火山観測

データの取り方もバラバラ

じつは、富士山の監視体制には大きな問題がある。富士山で行われている地震観測も、地殻変動観測も、気象庁が一元的に行っているものではないことだ。

気象庁は二〇〇七年の噴火警戒レベルの導入以来、火山の噴火予知に責任を持ち、噴火警戒レベルを決める唯一の役所のはずである。

たとえば、富士山の地震観測は、文部科学省の防災科学技術研究所と東京大学地震研究所、神奈川県温泉地学研究所、気象庁などがそれぞれ別々に行っている。このうち気象庁の地震計は六地点にしかなく、あとの二〇地点近くはほかの機関のものだ（図④）。データは気象庁に集められて統合されているが、気象庁以外の観測は研究目的のものだ。つまり、研究の目的によってはいままでと違った観測になったり、あるいはたとえ故障しても、すぐに復旧できる保守のための人員を抱えているわけではない。同じ場所で欠測がない常時観測を続けられる気象庁とは違う。

富士山の地殻変動観測は国土省国土地理院がＧＰＳ観測の一環として行っているほか、東京大学地震研究所と気象庁が傾斜計などを設置して観測している。ここでも、気象庁

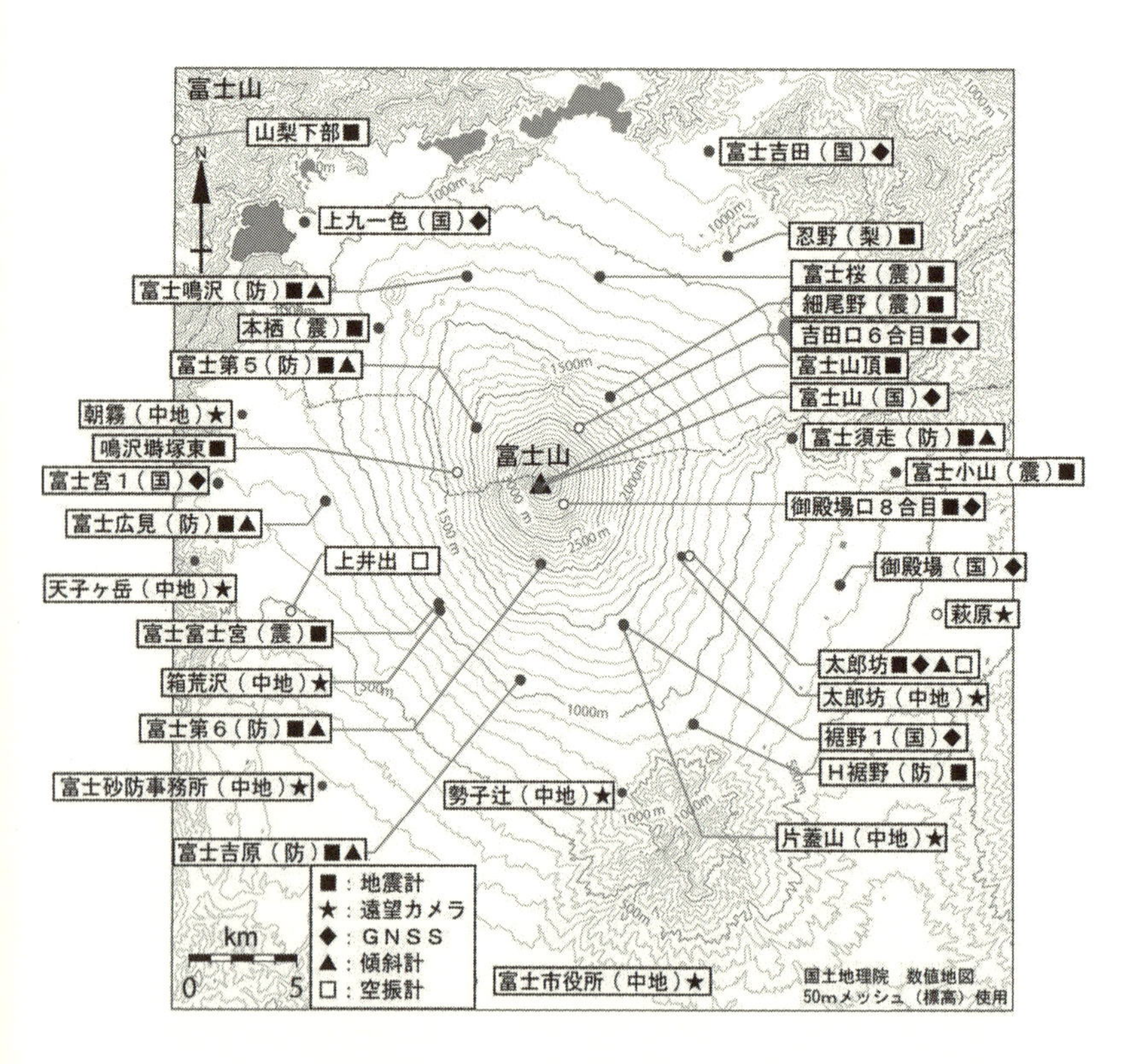

図④：富士山の監視体制。気象庁の観測点は白丸、その他の機関の観測点は黒丸。気象庁の観測点がいかに少ないかが見て取れる。括弧内は機関名で、「国」は国土地理院、「震」は東京大学地震研究所、「中地」は国土交通省中部地方整備局、「防」は防災科学技術研究所、「梨」は山梨県。原図は気象庁による。なお GNSS は本書にある GPS 観測のことだ。

以外の観測の方がずっと多い。

噴火したら大きな影響がある火山で気象庁が十分な観測を行っていない状況は、富士山だけではない。

箱根ではもっと気象庁の観測が少ない。気象庁が運用している地震計は箱根の中心部にはなくて東の端に二地点あるだけで、箱根全体をカバーする一四点は神奈川県立の温泉地学研究所のものである。

震度5の地震が「なかった」ことになった理由

144頁に述べるが、たとえば箱根では二〇一三年二月には局地的には震度5を記録した地震が起きて、大涌谷（おおわくだに）など箱根の中心を通っているロープウェイが停止したが、気象庁の地震計は遠くにあるために何も感じなかった。

このため、この地震は気象庁の公式の統計では「なかった」ことになっている。つまり気象庁の公式統計では、「箱根に起きている地震」は、温泉地学研究所が実際に観測している地震よりもずっと少ないのである。

二〇一六年四月には熊本で震度7を二回記録するなど、多くの地震が熊本県や大分県を中心に起きた。

このときに、阿蘇山を観測する京都大学の阿蘇観測所（現・京都大学火山研究センター）では、地震で建物が壊れて観測が出来なくなった。この京大の観測所からのデータは、気象庁に送られているが、それが中断してしまったのである。

この京大の観測所は一九二八年に作られた、国内に現存する大学の火山観測施設では最も古い火山観測所で、以後、阿蘇山の火山観測の中心になってきていた。

このように、全国のあちこちの火山の観測は、各地の大学など、それぞれの研究機関が別々に予算を取って観測器を設置しているのである。気象庁はほとんど他人の観測データを使って、多くの火山の地震活動を監視したり、噴火警報レベルを決めたりしているのだ。

しかし、気象庁以外の観測は、気象庁のように「常時監視」を目的にしているものではなく、研究目的のものだ。故障や落雷があったときに、すぐに現地へ行って復旧させる人手もない。これに対して、気象庁が予算を取れば、観測を二四時間維持するために「ひとつの椅子」に八時間勤務の三人と予備一人の四人を配することが出来る。観測を維持する人手の数が大違いなのである。

気象庁のお粗末すぎる観測体制

他省庁のデータを気象庁がもらって、統合して一応の観測が出来ているところはまだいい。しかし。さらに悪いところもある。たとえば鹿児島・諏訪之瀬島である。

ここでは一八一三年に噴火したときには溶岩流が流れ出て、島の西海岸まで達したために、全島民が島外に避難したことがある。また一九五六年以降、半世紀以上にもわたって毎年噴火している活発な火山で、たとえば二〇一三年には一二月下旬だけで爆発的噴火が二四七回も発生した。

ここは気象庁が二四時間監視している「はず」の危険度が高い火山で、噴火警戒レベルを導入した二〇〇七年から、噴火警戒レベルは2のままになっている。

だが諏訪之瀬島で火山を監視する体制はとても貧弱だ。火山を観測する地震計は二地点、傾斜計は一地点しかない。地震計は最低でも三地点ないと震源がどこにあったか決められないし、傾斜計も一台では、たとえ山体膨張があったとしても、動きの向き、つまりどこが膨らんだかがが分からない。

述べてきたように、噴火警戒レベルを導入したのはいいが、気象庁の火山監視には、まだ大きな問題がある。気象庁に火山の専門家がほとんどいないこと、気象庁の「自前」の観測がじつは少なくて、他機関の「常時監視」ではない観測頼みのこと、それぞれの火山のホームドクターだった大学の先生の協力を切ってしまったことなどだ。

第2章　もし富士山が噴火したら

第1節　重大な被害は富士山の周辺だけではない

東京が死の街に

81頁に述べるように、富士山は「噴火のデパート」で、過去にいろいろなタイプの噴火をした。今度、どんな噴火が起きるかは分からないのが富士山なのである。

噴火口が山頂なのか、東西南北どこかの山腹なのかによって噴火の影響は大幅に違ってしまう。また、溶岩流が出れば、影響はずっと大きくなる。それだけではない。崩れやすい火山なので、山体崩壊の心配もある。

噴火の前兆を捉えるべく、いろいろな観測が行われていることは述べた。しかし、前に述べたように富士山では肝心の「閾値(いきち)」が分からない。その他、あとで詳しく述べるように、前兆らしきものがあったとしても、噴火しない例が、日本でも世界の火山でも多い。

つまり、富士山の場合にも、噴火の前に予知して的確な警報を出せるとはけして限らないのである。宝永噴火は、いきなり爆発的な大噴火として始まった。小さな噴火から始まって、次第に大きくなったわけではない。

富士山が噴火したら、もちろん地元には大きな影響がある。しかし、それだけではなく、首都圏にも大きな影響が及ぶのだ。

国家体制が崩壊するかもしれない

もちろん、近隣の影響は甚大だろう。富士山の周囲には宝永噴火のときよりも開発が進んで、はるかに多くの人々が住み着いている。また数多くのリゾート施設やレジャー施設が集まっている。農業や牧畜もさかんだ。富士市の回りに集まっている製紙工場や写真フィルム工場など、富士山に降って富士山の山体の中で漉された豊富な伏流水を使った工業も数多い。これらは噴火で大きな損害を受けるに違いない。

また富士山は年間を通して登山客が多いし、夏は夜でも数千人の登山客が登っている。夏の昼間は山頂まで行列が続くほどで、人数ははるかに多い。

このため、富士山が噴火したら、戦後最大の火山災害になった二〇一四年の御嶽山の比ではない多大な影響が出ることは容易に想像がつく。影響を受ける人々の数や産業は、かつての富士山の噴火のときよりは、はるかに多くて深刻になる。

富士山が噴火したら火山灰や噴石などで、登山客はもちろん、近くの市町村にも大きな被害が出るだろう。溶岩流や火砕流や山体崩壊が起きると、人的な被害は急増する。

しかも、噴火の規模によっては、重大な被害は富士山のすぐ周辺だけには限らない。富士山の麓を通っている新幹線や東名高速道路にまで被害が及ぶ可能性がある。そのときは東西日本が分断されてしまうかもしれないのである。

第2節　都市住民への影響

サラリーマンは通勤できるか

そして、首都圏にも大きな影響が及ぶ。首都圏に住む人間にとって、富士山の噴火はけして他人事ではないのである。

日本の上空の成層圏には偏西風という強い西風がいつも吹いている。このため噴火で成層圏の高さである八キロ以上まで吹き上がった火山灰は東に飛ぶ。

こうして東京をはじめ、首都圏に多くの火山灰が降ることになる。富士山から東京までは一二〇キロしか離れていない。宝永噴火のときと同じく、噴火後わずか二時間ほどで富士山からの火山灰は東京にも達することになる。鹿児島市のように火山灰に慣れている都市とは違って、人々が慣れていない首都圏では火山灰が少しでも降ると大変な影響が出るのではないかと心配される。

火山灰はさまざまな影響を及ぼす。なかでも大きいのは人体への影響だ。

火山灰で呼吸困難に

たとえ火山灰がわずか〇・一ミリ降っただけでもぜんそく患者の四三％もが症状が悪化したという報告がある。数ミリ火山灰が降ると、のど、鼻、目に異常を訴える患者が急増する。

大量の火山灰が降ると、健康な人でも咳の増加や炎症などを伴う胸の不快感を覚える。鼻が炎症を起こしたり鼻水が出たり、また喉が炎症を起こしたり痛むことがある。

呼吸器系などに疾患がある人はもっと影響が大きい。ぜんそくや気管支炎、肺気腫などの肺に問題がある人々や心臓疾患のある人々には、火山灰はとくに悪い影響を及ぼす。ぜんそく患者は、発作的な咳が出るほか、胸部のしめつけ感があって呼吸に苦しむことがある。

また火山灰が肺に沈着してじん肺になる可能性もある。じん肺は細かい火山灰にさらされることで病気になる。鉱山の労働者に多い病気だ。

いったん降り積もった火山灰が、噴火が終わっても地上に残り、風が吹くと舞い上がる状態が長く続くと危険性が増すのである。

私の知人の火山学者はじん肺になってしまった。火山学者の一種の職業病かもしれない。

失明する可能性も

このほか、目にも影響が出る。火山灰は顕微鏡で見ると尖った岩の粉でガラス質のものが多い。このため、火山灰によって目に痛みを伴う引っかき傷や結膜炎を生じさせる。

なかでも注意を要するのはコンタクトレンズを着用している人だ。コンタクトレンズと目との間に火山灰が入りこむと、痛いばかりではなく、角膜剥離を起こす。

このほか、火山灰で皮膚に炎症を起こす人もいる。これは火山灰が酸性であるときに多い。

第3節　季節によって被害の様相は大きく変わる

交通網は全滅

火山灰の影響は、もちろん人体だけではない。交通にも大きな影響を及ぼす。空中を浮遊する火山灰によって視界が悪くなって交通事故が起きやすくなる。そのうえ道路が火山灰で覆われると事故の危険性はさらに高くなる。

火山灰がわずか一ミリ積もっただけでも道路の白線が消え、道路標示が見えなくなる。また火山灰がたとえ少なくても、火山灰が積もった路面は、乾いていても非常に滑りやすく、ブレーキが利きにくくなる。もし雨が降って湿るともっと始末が悪い。道路や鉄道の線路が一層滑りやすくなって、さらに大きな障害になる。

火山灰がもっと厚く積もると、道路が通行不能になって、交通は大混乱に陥ってしまうだろう。

道路だけではない。火山灰が一ミリ積もっただけで飛行場の滑走路の白線が消えたり、鉄道の線路の切替が出来なくなってしまう。自動車だけではなく、航空機や鉄道も大混乱するだろう。

電気も水道も使えなくなる

そのほか電力への影響もある。降灰によって停電が起きることがあるし、火山灰は電線にくっついて重くなり、電線を切ってしまうときもある。

また湿った火山灰には導電性があるので電気がショートして送電が止まる。停電は暖房などに必要な電気機器が使えなくなってしまうので、もし冬季に起きれば健康に重大な影響を及ぼす可能性がある。地震と同じで、季節によって被害の様相は大いに違うのである。

また上水にも影響する。降灰によって、貯水池などで水が汚れたり濁ったりするほか、給水装置が破損する。給水施設は蓋のないのが普通だから、少量の降灰でも給水に影響が出たり断水したりするだろう。

このほか住宅の屋根が火山灰の重さで潰れてしまうこともある。火山灰は岩の粉だから比重は二を超える。つまりコンクリートなみの重さが屋根にかかるのである。

第４節　文明が進歩すると自然災害には弱くなる

ミクロの灰がコンピュータに入り込む

またコンピュータ本体やコンピュータのハードディスクなど精密機械に火山灰が入ると動作しなくなる。そのうえ、火山灰が帯びている静電気が部品に吸着してしまうなど、電子機器にさらに悪さをする。

現代では多くのものがコンピュータで制御されているから、たとえば電気やガスや水道の供給や、多くの産業活動や交通システムや通信システムや銀行のシステムもコンピュータで動いている。それゆえコンピュータが火山灰によって動作が出来なくなると、広範囲に影響を受けてしまう可能性が高い。

一般に文明が進歩するということは、自然災害には弱くなることだ。たとえば過去たびたび首都圏を襲ってきた大地震でも、地震のたびに被害が大きくなり、いままではなかった新しい災害が増えてきている。つまり「対策は、いつも被害を追いかけてきている」のである。火山災害も、同じ道をたどるに違いない。

宝永噴火では、いまの神奈川県は数十センチ、東京から千葉県にかけても数センチ以上の降灰があった。いままで述べてきたように、わずか〇・一ミリとか一ミリで影響が出始めるわけだから、数センチ以上積もったら、大変なことになるのは容易に想像できることだ。

危険な二次災害

火山からの噴出物による二次災害も起きる。たとえば火山礫（かざんれき）や火山灰が厚さ一センチ以上降り積もった傾斜地では、その後、雨が降ると洪水や土石流が発生する危険がある。土石流は初めは積もった火山灰が元だが、下流に行くにしたがって大規模になり、基盤の岩石を削って規模が大きくなる。しかも、その駆け下りる速さは自動車よりも速いことがある。

また、雪が積もっている季節に噴火すると、融雪型の火山泥流という冬季特有の土石流が発生することがある。同じ火山の噴火でも、季節によって被害の様相が変わる例がここにもある。

たとえば一九二六年に北海道・十勝岳（十勝火山群の主峰は標高二〇七七メートル）が噴火したときには、融雪型の火山泥流が流れ出て、死者一四四名を出すなど、大きな被害を生んだ。近年では最大の火山災害の死者数だった。

噴火したのは五月だったが、十勝岳はまだ、雪に覆われていたのである。雨も降っていないのに、遠くの火山からの火山泥流が襲ってきたことが被害を大きくしたのだ。

第5節　二〇〇六年に初めての富士山ハザードマップ

ハザードマップは命を救うか

最近は多くの火山でハザードマップが作られるようになった。有珠山では比較的早くからハザードマップを作って配布してきたり、ふだんから子供たちへの教育がされていた。これらのことが二〇〇〇年に噴火の人的な被害を食い止めた大きな要因になっている。

しかし、ハザードマップにはまだ多くの問題がある。

富士山の周辺でも、富士山噴火の危険が遅まきながら知られるようになってきて、二〇〇六年になって初めてハザードマップが作られた（図⑤）。

この富士山のハザードマップは、最後の噴火である宝永噴火（一七〇七年）を下敷きにしている。いちばん資料が残っているからである。

この宝永噴火は山頂噴火ではなく東南山腹が噴火したものだ。富士山は南東の山腹に

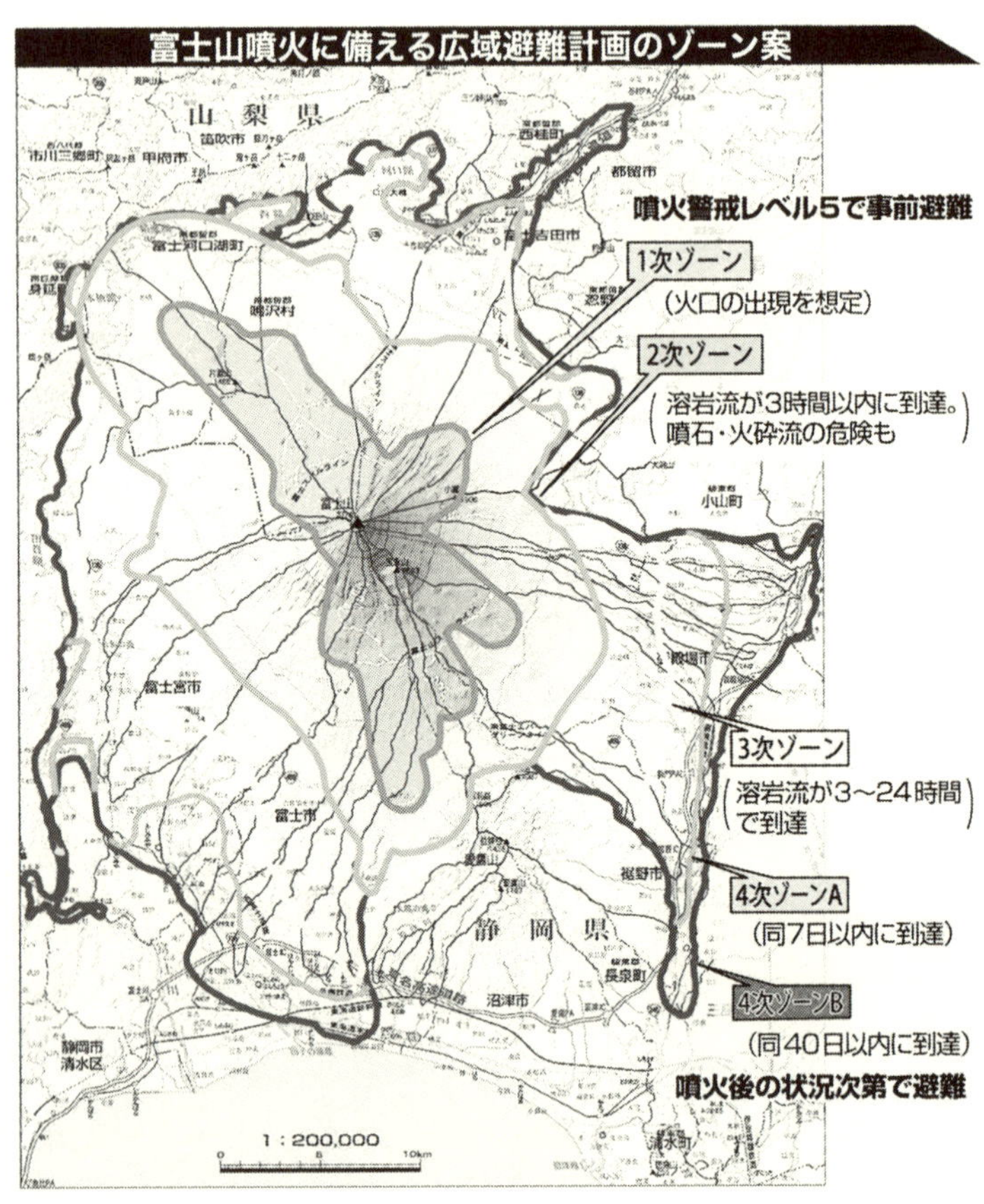

図⑤：富士山のハザードマップのひとつ。富士山火山防災対策協議会。

限らず、今度の噴火がどこで起きるのかは分からない。たとえば、101頁に述べるように、同じく富士山の三大噴火のひとつであった貞観噴火は富士山の北の山腹から噴火した。

つまりどこから噴火するかによって、大幅に違う被害になることが十分に考えられるのである。

また季節によって風向きが変わる。このため、この富士山のハザードマップはそれぞれの月に対応した複雑なものになっている。

避難経路で大噴火！

富士山のハザードマップはどこから噴火するか、どのように影響が及ぶかが分からないだけにずいぶん複雑なものになった。どのように避難しなければならないのか、地元は対応しようもなかった。そのために地元の検討が遅れ、ハザードマップが作られた八年もあとの二〇一四年になって初めての防災訓練も行われた。

地元だけではなく、遠く首都圏でも富士山のハザードマップの問題がある。前に述べたように首都圏にも富士山からの火山灰が広く降り積もる可能性がある。

しかし火山灰の流れかたは、そのときの偏西風のちょっとした風向や風速で大幅に違ってしまう。ハザードマップ通りにはいかない可能性が必ずあるのだ。

ハザードマップが主として下敷きにしている宝永噴火のときには、偏西風がやや南に寄っていた。このため関東平野では南部に降灰が集中した。ハザードマップでもこの通りになっているが、風向きによっては、もっと北まで降灰が拡がる可能性は高い。

北海道・有珠山のハザードマップも史上最悪の噴火である一八二二年に起きた山頂噴火を下敷きにしていた。だが二〇〇〇年の噴火では一八二二年のときの噴火と違って山腹の噴火だったので、ハザードマップ通りにはいかなかった。

じつは、ハザードマップに書いてあった避難所のすぐ近くで噴火が始まったのだ。このため、その避難所に逃げ込んでいた住民は慌てて別の場所に避難することになった。間一髪であった。

第6節　ハザードマップには問題が残る

安心材料にはならない

つまりハザードマップの第一の問題として「ハザードマップはその通り信じてはいけない」一面を持っていることだ。とくに、自分のところは大丈夫だという「安心材料」にななってはいけない。上に書いた有珠山の噴火のときの避難所の例のように、ハザードマップでは危険ではないとされているところに危険が及ぶことは十分に考えられるからだ。

また、ハザードマップは、一旦作ればそれで終わりということはない。火山の研究は日進月歩であり、地質学的な調査や古文書の研究によって、昔の噴火について、いままで知られていなかったことも分かってきている。これからも、いままで知られていなかったことが分かってくるだろう。

つまり、ハザードマップは一度作ったらそれで終わりではなく、更新していくことが極めて大事なことなのである。

観光地住民がハザードマップに抵抗

ハザードマップにはその他の別の大きな問題がある。

それは、配布された地元の人々はハザードマップを見るが、観光客や登山客は見る機会がないまま現地を訪れてしまうという問題だ。そこが火山だということさえ知らない観光客や登山客やスキー客も多い。危険を知らず、また逃げ道も知らないまま多数の観光客が押しよせるのは災害を大きくする可能性が高い。

じつは、ハザードマップを作るまでには大きな障壁があった。観光で生きている地元がハザードマップを作ることや配布することに反対することが多かったことだ。観光地のイメージを損ねたくない、観光客の足を遠のかせたくないという意向は、いまでも強い。

各地の火山でハザードマップ作りや配布がなかなか進まなかったのは、この心情が底流にあった。

有珠山のふもとに拡がっている北海道の洞爺湖（とうやこ）温泉でも、地元の観光業者の反対によって長い間ハザードマップが作れなかった。研究者などが時間をかけて説得して、一九九五年になってようやく作って配られるようになった事情がある。

一九九五年になって作られたのも、一九九一～一九九三年の雲仙普賢岳の噴火と火砕流によって当時戦後最大の火山災害が起きて、それが後押ししたからだった。この災害がなければ、ハザードマップの作成と配布は、もっと遅れていたに違いない。

第3章　火山の成り立ち

第1節　突然なくなった「活火山・休火山・死火山」の分類

死火山噴火の衝撃

ここで、火山全般の学問について概観してみよう。現在、噴火予知の科学がどこまで進んでいるのかを理解してもらうためにも必要な「概観」である。

かつて日本の火山は「活火山・休火山・死火山」に分類されていた。休火山とはかつて噴火したが、いまはお休みをしている火山、死火山はかつて噴火したが、もう噴火しない火山だとされていた。とても分かりやすい分類だし、学校でも広く教えられていた。たとえば富士山は休火山、御嶽山は死火山だとされていた。

しかし、死火山だとされていた御嶽山がいきなり噴火したのだ。一九七九年一〇月のことだった。約五〇名いた登山者のうち一人が負傷した。噴火の規模としてはそれほど大きなものではなかったが、死火山とされていた火山が噴火したことは火山学者や気象庁にとっては大きな衝撃だった。

この噴火以来、「死火山・休火山」という分類はなくなった。「活火山・休火山・死火山」という分類はとても分かりやすいものだったし、いまだに、この分類が生きていると思っている人は多い。しかし、気象庁や火山学者はこの言い方をやめてしまっているのだ。

ある火山が「死火山」、つまりこれからは噴火しない火山であるかどうかを判定するのは、じつは学問的には不可能なのである。

日本には活火山が一一〇ある

いまは「活火山」か「そうではない火山」という分類しかない。活火山として知られているのは日本で一一〇あまりあるが、この数は最近の一万年以内に噴火したことが分かっている火山、あるいは最新の噴火年代は分からないが、さかんな噴気活動がある火山だけを指定していることから来ている。

一万年とは、いわば、人工的な区切りだ。もっと前に噴火した火山を数えれば日本の活火山ははるかに多い。

たとえば、鳥取県・伯耆大山（大山。標高一七二九メートル）も一万数千年前までは活発な火山活動があった。カルデラ噴火としては小規模ながら後で述べる「カルデラ噴火」という大規模な噴火があったことも分かっている。しかし、現在の活火山の定義からは外れているから、活火山には分類されていない。

第2節　日本の火山の数は、世界の陸上にある火山の七分の一

日本の特異性

日本の火山の数は、世界の陸上にある火山の七分の一もある。日本の陸地の面積は世界の陸地の二・八％しかないから、面積に比べるとたいへんな数の火山を抱えていることになる。

日本に火山が多い理由は、日本に地震が多い理由と同じものだ。それは、日本列島の地下にはプレートが四つもあって、おたがいに衝突しているからなのである。

地震ではマグニチュード6を超える大地震の二二％もが日本に集中している。日本は世界有数の火山国であると同時に、世界有数の地震国でもあるのだ。

火山があったり地震が起きる場所は、世界の国の中でもごく限られている。たとえばヨーロッパの大部分や、カナダやオーストラリア、それにインドのほとんどには地震が起きず、また現在活動的な火山もない。

地震も火山も世界では偏在していて、日本はそのなかでも特別なところにあるのだ。

海底火山ははるかに多い

さきほど、「世界の陸上にある火山の七分の一が日本にある」と述べた。じつは海底には、陸上よりはるかに多くの火山がある。

しかし、この海底の火山は、陸上にある火山とは成り立ちが違うものだ。この火山はプレートを生む「元」なのである。

太平洋をはじめ、大西洋、インド洋、南極海など世界の大洋の底には海嶺(かいれい)というものが延びていて、その全長は七万五〇〇〇キロ、つまり地球約二周分もある。もっと小さな海、たとえばスエズ運河につながっている紅海の底にも海嶺が走っていて、いずれ、ここで生まれたプレートがユーラシアプレートとアフリカプレートの間に海を拡げていくと思われている。

この海嶺のすべては、じつは火山脈、つまり活火山の列で、それゆえ世界の火山の大半は海底にあることになる。

海嶺で下からマントルの岩が上がってくるときには、海嶺がプレートが裂けて拡がっている部分ゆえ、圧力が急激に下がる。

このことによって固体であるマントル物質が溶けて流体であるマグマが生まれると考えられている。こうして生まれるのは「玄武岩マグマ」である。上がってくるマグマの温度は一〇〇〇℃ほどである。

上がってきたマグマが海水で急冷されて岩になる。これが新しく生まれたプレートである。こうして海嶺では次々に新しいプレートが生まれていく。

中央海嶺全体から出てくるマグマは年間二〇〇億立方メートル、つまり二〇立方キロ。この途方もない量は世界の火山から出てくるマグマの八〇~九〇%にもなる。

このように火山の成因が陸と海で違うものだから、あくまで日本の火山の数は、世界の「陸上にある火山の七分の一」なのである。それでも、もちろん面積あたりにすれば、世界有数になる。

第3節　地下にはプレートが四つあって、おたがいに衝突

地球とタマゴの共通点

地球は鶏のタマゴととてもよく似ている。タマゴと同じように硬い「殻」が表面を覆っている中には、「黄身」と「白身」がある。そしてタマゴの殻の厚さは地球の大きさに引き直したときには地球のプレートの厚さと同じくらいなのである。具体的には三〇～一五〇キロほどだ。

地球で言えば「殻」とはプレートで、地球の中ではいちばん硬い岩である。タマゴと同じように地球の全部を覆っている。違うところはプレートはいくつにも割れていて、おたがいに衝突しあっていることだ。プレートは、大きなプレートだけでも七つ、小さなものは数十もある。

プレートの下には「白身」であるマントルがある。これもプレートと同じく固体の岩だが、温度が一〇〇〇℃以上と高いために、プレートよりはずっと柔らかく、長い時間をかけると流動する。つまり、プレートが地球の上を動き回って地震や火山噴火を起こせるのは、プレートの下にあるマントルがプレートを載せて動けるからなのである。

マントルのさらに内部には「黄身」であるコアがある。コアは溶けた金属の球で、ほとんどが鉄で、それにニッケルや珪素などが溶け込んでいる。

コアの表面までの深さは約二九〇〇キロ。地球の半径は約六三七〇キロだから、半径の半分強のところまではコアである。つまり月の倍ほどの大きさのコアを地球は内部に抱えていることになる。

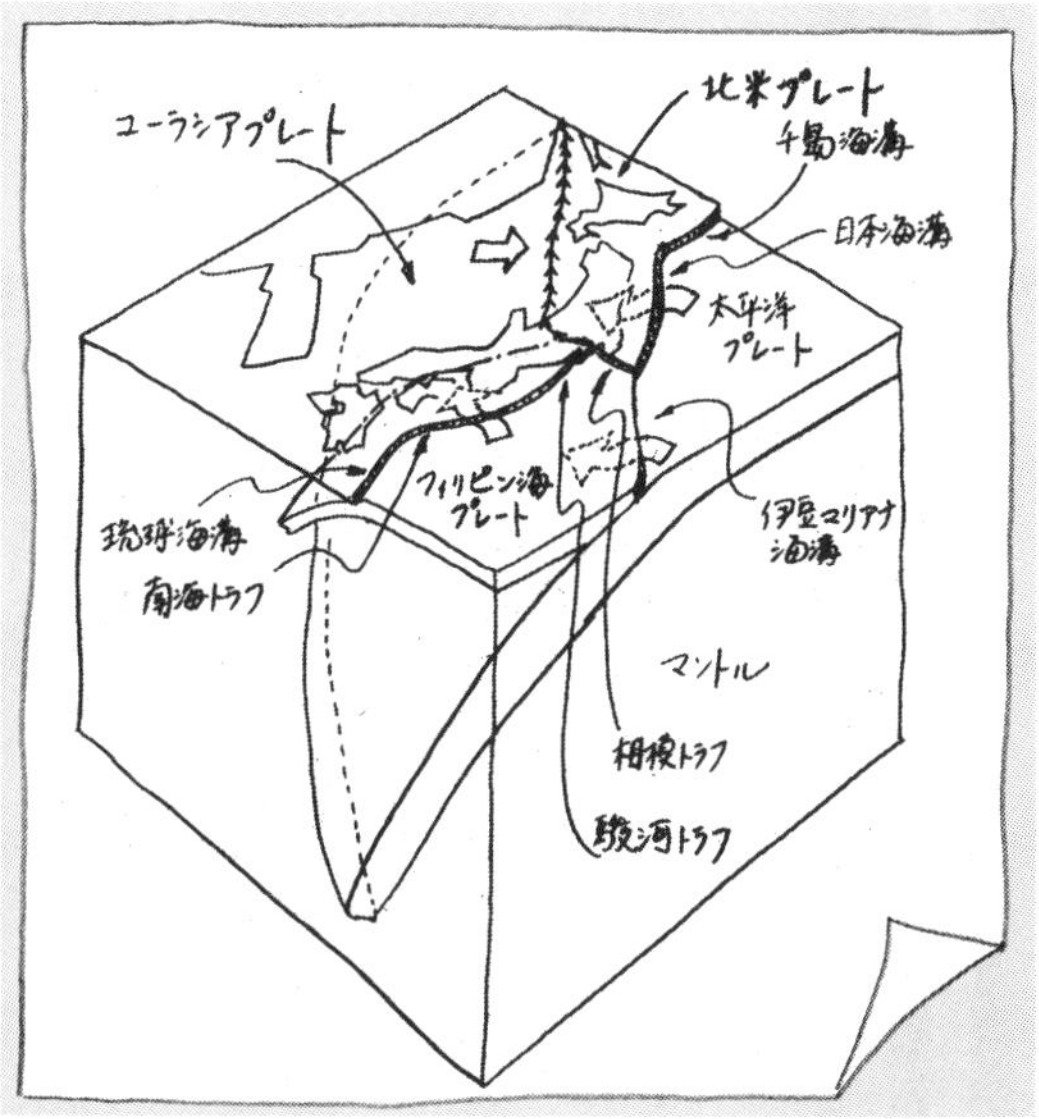

図⑥：日本付近のプレート

四つのプレートの動き

日本ではプレートが衝突したあと、衝突した片方、「海洋プレート」といわれているプレートは海溝（かいこう）から、日本列島を載せている「大陸プレート」の下にある地球内部に潜り込む。これは海洋プレートが玄武岩で出来ていて、大陸プレートを作っている花崗岩よりも重いためだ。海溝は日本の太平洋岸の沖にある。大陸プレートは東日本では北米プレート、西日本ではユーラシアプレートである。また海洋プレートは、東日本では太平洋プレート、西日本ではフィリピン海プレートである。太平洋プレートは西北西方向に毎年約八センチ、フィリピン海プレートは北北西方向に約四センチほど動いている（図⑥）。

第４節　海洋プレートが潜り込んだところでマグマが生まれる

水の作用でマグマができる

海洋プレートが潜り込んだところでマグマが生まれる。これは潜り込んだプレートが海溝から持ち込んだ水の作用で岩の融点が下がり、一方、地球は内部に行けば温度が高くなっているから、ある深さのところで、潜り込んだプレートのすぐ上にある固体だった上部マントルの岩が溶けて流体であるマグマが出来るからなのである（図⑦）。

「水の作用で岩の融点が下がる」というのは不思議に聞こえるかも知れない。しかし、実験室で岩を溶かしてみると、水がないときに比べて、二〇〇℃も低いところから岩が溶けはじめてしまうのである。つまり、水がなければ溶けない岩が、水があるために溶

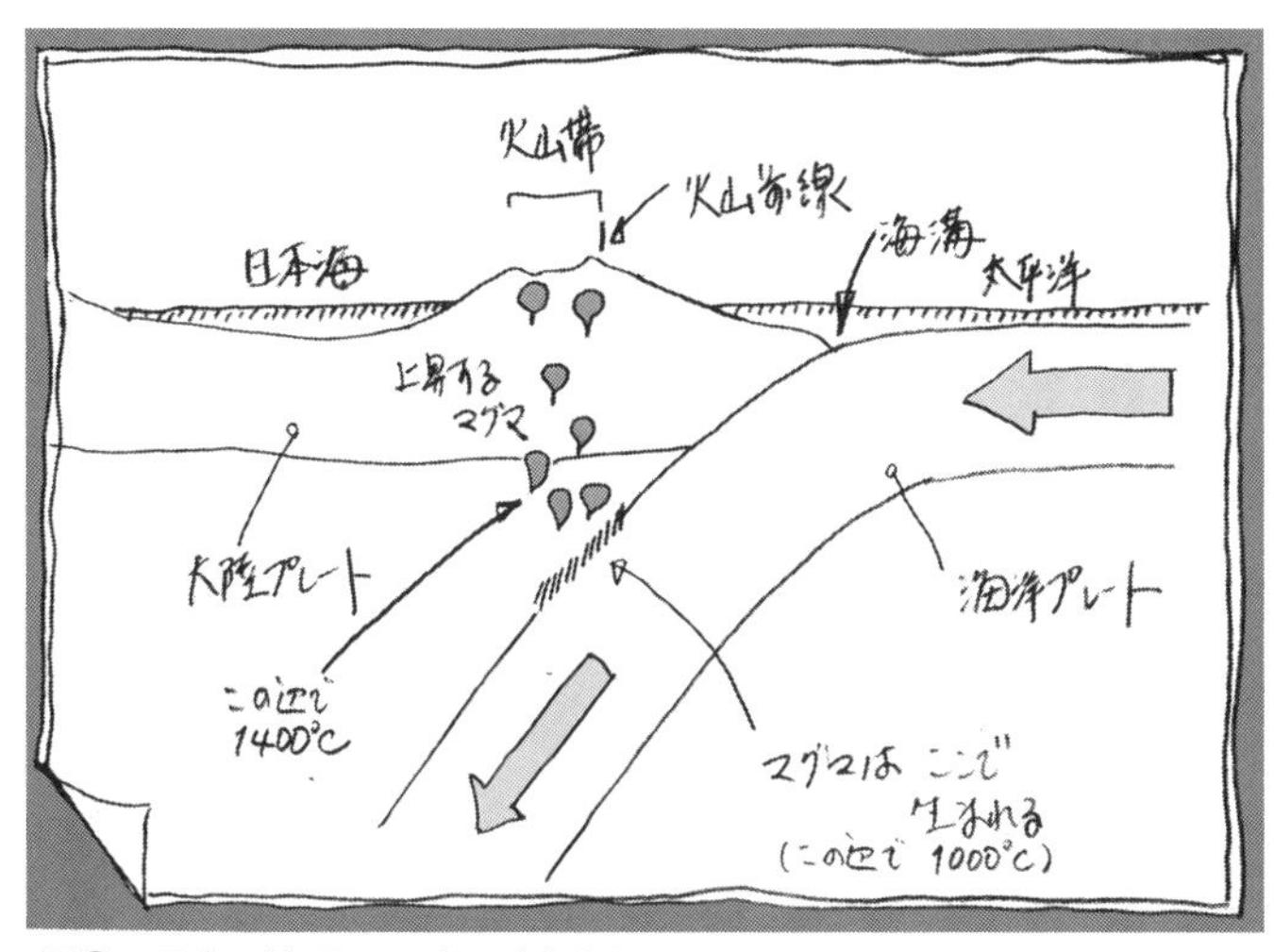

図⑦：日本の地下でマグマが生まれる

けてしまうのだ。もちろん、水といっても、そのへんにあるふつうの水ではなくて、高温高圧の水だ。温度は常圧の沸点である一〇〇℃よりもはるかに高い。

　そして、この生まれたマグマは水を鉱物の成分の一部として取り込むために、まわりの岩よりも軽い。それゆえマグマは、まわりの岩をかきわけて地表に上がってきて、やがて噴火し、火山を作るのである。

マグマができるところは限られる

　このマグマが地下で生まれる「事件」は深さ約九〇～一三〇キロのところで起きる。そして、この事件はプレートが潜り込んでいくところのどこでも起きるか

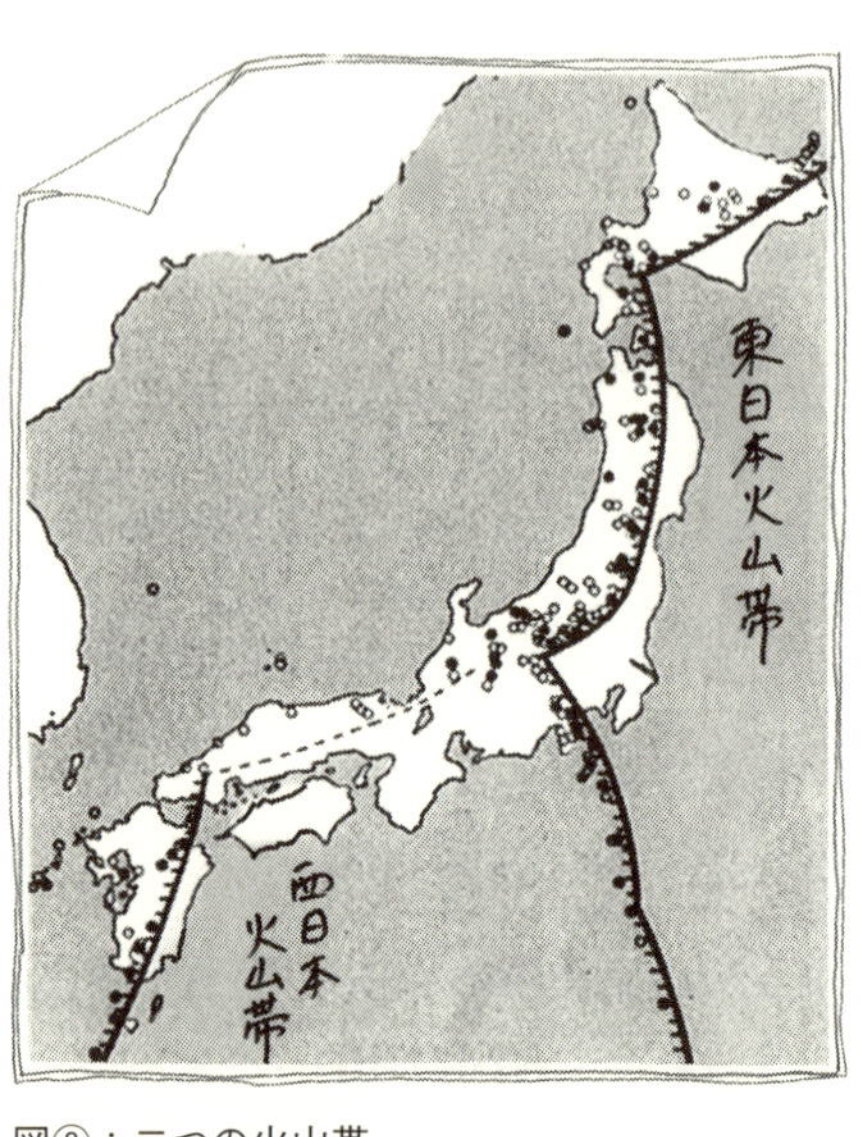

図⑧：二つの火山帯

ら、上から見ると、マグマが生まれるところは帯状になっている。この帯は、海溝に平行になる（図⑧）。

日本には二つの海溝群がある。ひとつは千島海溝、日本海溝、伊豆マリアナ海溝と一続きになっている海溝だ。これら一連の海溝からは、東から太平洋プレートが潜り込んでいる。

太平洋プレートの衝突と潜り込みは千島列島から東日本、そして西之島新島の先まで続いている。本州から北では北米プレートの下に、そして本州から南ではフィリピン海プレートの下に潜り込んでいる。

もうひとつは、房総沖でこの一続きの海溝から枝分かれして、相模トラフ、駿河トラフ、南海トラフ、琉球海溝と別の一続きの海溝がある。こちらからはフィリピン海プレートが潜り込んでいる。

二つの火山帯

前に述べたように海洋プレートが潜り込んで深さ約九〇〜一三〇キロのところでマグマを作る。そのマグマが上がってくるのが火山である。それゆえ太平洋プレートが作る火山は日本列島に平行した線上に並ぶ。この帯状に並んだ火山の列を「東日本火山帯」という。

西日本ではフィリピン海プレートが同じようにユーラシアプレートの下に潜り込みながらマグマが生まれ、そのマグマが上がってきて「西日本火山帯」を作る。

こうして日本には千島列島から東日本を縦断して伊豆七島から西之島新島の先までの「東日本火山帯」と、フィリピン海プレートが作った九州から台湾までの「西日本火山帯」の二つがある。

この火山帯は、東側（西日本火山帯の場合は南東側）がとてもはっきりしているのでその東側の端を「火山前線」と呼ぶことがある。

他方、西側（西北側）の境は、前線よりもぼんやりしている。これは地下でマグマが出来るときに、浅い方、つまり岩が溶け出す方の限界ははっきりしている。しかし対照的に、岩のなかには融点が高いものもあるから、もう少し温度の高いところ、つまり深いところで溶けるから西側（西北側）の境はぼんやりしているのである。たとえば雲母は融点が高い。

第5節　マグマが噴火を引き起こすメカニズム

マグマはセミのように地上を目指す

地下で作られたマグマが上がってくるまでには、いろいろ複雑な過程をたどる。マグマは潜り込んでいく海洋プレートのすぐ近くで生まれるのだが、それが上昇していくときに、まわりの上部マントルの影響を受けて、温度がさらに上がったり、まわりの岩を溶かしこんでマグマの性質が変わったりするのである。

マントルの上には「地殻」があり、一般には地表に近いほど、岩の密度が小さい。このため、生まれたところではまわりの岩よりも十分に軽かったマグマも、上昇するにつれてまわりとの密度差が小さくなって上がりにくくなって、ある深さで滞留することになる。こうして「マグマ溜まり」が作られる。

やがて上記の複雑な過程を経て、マグマの温度や成分が変わって、再びマグマは上昇をはじめ、さらに上部にも別のマグマ溜まりを作る。

マグマには〝巣〟がある

つまり、マグマが生まれてから地表に出て噴火するまでには、マグマの性質が変わったり、上昇するのに多くの時間がかかったりするのだ。こうして、ひとつの火山の下にいくつかのマグマ溜まりが作られるのが普通だ。

地球の中では圧力は高いが、地表に近くなると圧力が下がる。すると、マグマの中にある水や火山ガスなどの揮発成分が気体になる。このためマグマ全体の体積が急膨張する。そして噴火が起きるのだ。

第6節　マグマの「粘り気」を左右するもの

マグマにみられるお国がら

火山噴火を引き起こすマグマには、学問的にはいくつかの種類に分かれる。玄武岩マグマ、安山岩（あんざんがん）マグマ、デイサイトマグマ、流紋岩（りゅうもんがん）マグマである。

この順にマグマの粘り気が高くなる。これはマグマの中にある二酸化珪素の成分が多くなっていくせいだ。一方、温度はこの順に一三〇〇℃くらいから九〇〇℃くらいへと低くなっていく。同じ日本の火山でも溶岩の性質が大いに違うのは、こういった違いからなのである。

たとえば二酸化珪素の含有量が五〇％ほどで、それゆえ粘り気が低ければ、ハワイの火山からの溶岩流のように、オレンジ色のさらさらした川のような流れになる。伊豆大島で噴火のときに出た溶岩流も、これに近い。

他方、粘り気が高くなれば、溶岩が流れ出すことはなくなり、そのかわりに、火口に溶岩が盛り上がった「溶岩円頂丘（溶岩ドーム）」が作られることになる。

二酸化珪素の含有量が70％近い北海道の昭和新山の場合には溶岩がほとんど流れずに、出てきたマグマがそのまま塔のように盛り上がって「溶岩円頂丘」というものを作っている（図⑨）。昭和新山全体が溶岩円頂丘なのである。

図⑨：北海道・昭和新山の溶岩ドーム＝島村英紀撮影

マグマの粘り気、蜂蜜の数億倍!?

昭和新山は流紋岩(りゅうもん)マグマで、六〇〇~九〇〇℃で出てくることが多く、物理的な単位で言えば数千万~数十億ポアズという高い粘り気（粘性）を持っているので、ほとんど流れない。こういった高い粘性を持つマグマが固まると、白っぽい安山岩や流紋岩になる。

普通、液体の粘度を表すときにはセンチポアズ、つまり一〇〇分の一ポアズの単位を使うほどだから、このマグマの粘性はいかに高いか、分かるだろう。ちなみに、水の粘度は摂氏二〇度で一センチポアズ、蜂蜜でさえ、その粘度は五〇~六〇ポアズだ。

火山から出てくるマグマは火山ごとに違う性質を持っていることが多いが、火山によっては、噴火の途中でマグマの性質が変わったこともある。

たとえば一七〇七年の富士山の宝永噴火では、噴火の直後に激しい噴火が四日間ほど続き、大量の火山灰が江戸にも降り積もったが、その火山灰の成分が途中で変化した。最初は二酸化珪素を多く含んだ白っぽい火山灰が降ったが、数時間後には、二酸化珪素が少ない、黒っぽい火山灰に変わったのである。

白っぽい火山灰は密度が小さいデイサイトマグマから来ていて、その後降った黒っぽい火山灰は、密度が大きい安山岩マグマから来ていたものだ。

これは、富士山の下にあったマグマ溜まりにデイサイトマグマと安山岩マグマがあったところに、下から玄武岩マグマが上がってきたという複雑な事情があったからだと思われている。こうして、先に密度が小さいデイサイトマグマが押し出され、やがて、密度が大きい安山岩マグマが出てきたのだろうと考えられている。

第7節　火山前線の上にすべての活火山が並んでいる

角度がポイント

日本では、現在活動的なすべての活火山は火山帯の上に並んでいる。世界各地でも、海洋プレートが潜り込んでいくところでは、日本と同じように火山帯がある。

しかし、海洋プレートが沈みこんでいく角度は世界各地の海溝で違っている。このため、マグマが出来るのは同じ深さのところなのに、火山前線から海溝までの距離は海洋プレートが沈みこんでいく角度によって違ってくる。角度が浅ければ、海溝から前線までの距離が長いことになる。

日本の火山前線は海溝から一〇〇〜二〇〇キロほどだが、マリアナ海溝やトンガ海溝では五〇キロ。他方、アリューシャン海溝や中部アンデスでは三〇〇〜四〇〇キロもある。

地震のメカニズム

ところで、地震も火山もプレートの動きが作る。地震は、プレートが衝突することによって地下の岩に歪みがたまっていき、それが岩が耐えることが出来る限界を超えると起きるものだ。

地震は、マグマが作られる深さには関係なく、もっと浅いところでも、深いところでも起きる。たとえば東日本大震災（二〇一一年）を起こした海溝型地震である東北地方太平洋沖地震はごく浅く、地震を起こした地震断層の上の端は海底面に出ていた。このため海水を動かして大津波が生まれたのである。

このほか、地震は、マグマが生まれるよりもはるかに深いところでも起きる。太平洋プレートが潜っていった先はロシアのウラジオストークの地下あたりだが、ここで一九九九年にマグニチュード7・1の地震が深さ六三〇キロあまりのところで、また二〇〇二年にはマグニチュード7・3の地震が深さ約五九〇キロのところで起きたことがある。また二〇一五年五月には、マグニチュード8・1の大地震が本州南方の太平洋プレートが深さ約六八〇キロに達しているところで起きた。

これらの地震は世界でももっとも深いところで起きる地震である。ちなみにフィリピン海プレートはここまでの深さには達していない。

マグマだまりの特徴

一方、火山の場合には、マグマが地下の特定の深さのところだけで作られる、だが、そのマグマがそのまま上がってきて噴火するわけではなくて、上がってくるときに何段階かの「マグマ溜り」を作りながら上がってくる。そして、いちばん上にあるマグマ溜りの中で圧力が高まってマグマが地表に噴出するのが噴火なのである。

地震も火山もプレートの動きが作るものとはいえ、地震がプレートが衝突することによって地下の岩に歪みがたまっていき、それが岩が耐えることが出来る限界を超えると起きる、といういわば直接の関係であるのに対して、火山は間接的なのである。

第4章　日本人が見なかった富士山の過去

第1節　そもそも日本列島の成り立ち

ひび割れが日本のはじまり

かつて日本列島は大陸の一部だった。ユーラシア大陸の東の端の海岸沿いにあった部分が日本の「元」である。

いまから約二〇〇〇万年前、そのユーラシア大陸の東の端にプレートの作用でひび割れが走り、海水が流れ込んで海峡のように狭い日本海を作った。これが日本列島の誕生である。

その後約五〇〇万年かかって日本海はいまの大きさに拡がって、日本列島は現在の位置と形になった。じつはその間、日本海の拡大は一様ではなくて、日本海の真ん中あたりで大きかった。このために日本列島が関東から北陸にかけて折れ曲がって「逆へ」の字の形になっているのだ。

しかし、不思議なことにたった五〇〇万年間だけで日本海の拡大は突然止まってしまったのである。日本列島の誕生と日本海の拡大は、地球の誕生以来の歴史を一日にたとえれば、わずか六分前に始まって、たった一分半という短い間だけの事件だった。なぜ日本列島が誕生し、なぜ日本海の拡大が突然止まってしまったかの理由は分かっていない。

日本と組み木細工の共通点

その後、まるで池の水面に漂う落ち葉が風に吹き寄せられるように、多くのサンゴ礁や海洋島や海山がプレートに載って日本にくっついてきて、いまの日本を作った。日本列島には古い大陸時代の岩石もあり、新しくくっついた岩石もある。いわばモザイクなのだ。

なお海山とは、海面まで顔を出していない海底の山のことだ。太平洋の海底や日本近海には無数にある。これらのうち多くのものは、太平洋プレートやフィリピン海プレートとともに地球内部に沈み込むが、あるものは、いずれ日本にくっついてくる。

いまは日本の内陸にあるが、もともとは南方からくっついてきたサンゴ礁も多い。サンゴ礁は日本よりも暖かい海にしか育たないものだ。それゆえ、日本列島にくっついてきたこれらのサンゴ礁は、いずれも南の海から移動してきたことになる。各地にある石灰岩の山はこうして作られた。

日本で唯一自前でまかなえる鉱物資源である石灰岩は各地で採掘されている。石灰岩を採掘してセメントの原料にする工業は、埼玉県の武甲山や北海道の北東部にある常呂など日本各地にある。セメントは、いうまでもなく日本の成長を支えてきたコンクリートの材料である。

日本内陸にサンゴ礁

これらの「元」サンゴ礁は日本の内陸にあるものも多い。これらはどれも、昔、プレートに載ってきて日本列島にくっついたサンゴ礁だ。

武甲山のほか、滋賀県の伊吹山、山口県の秋吉台などはみな石灰岩である。また日本各地にある鍾乳洞もサンゴ礁起源の石灰岩の山に雨水がしみ込んで浸食して作ったもので、長い間かかって洞窟を作ったものである。

ちなみに、世界的な景観、中国の桂林も海から五〇〇キロ内陸にあるが、海で出来た石灰岩が陸にやってきて、その後の雨で浸食されたものだ。

日本に最後に流れ着いた島は伊豆半島である。伊豆半島全体はひとつの火山島で、それが南からフィリピン海プレートに載ってやってきて、約一〇〇万年前にいまの場所にくっついた。富士山や箱根が出来たのは、くっついたあとである。

富士山も、二五キロしか離れていない箱根も活火山だ。富士山も箱根も、伊豆半島がプレートに載ってやってきて、日本にくっついてからマグマが上がってきて、噴火して出来た火山である。つまり火山としては新しい火山なのである。

第2節　富士山の内部は「四階建て」

成長する富士山

富士山は秀麗な形をした孤立峰だが、じつは、内部は「四階建て」になっている。かつてあった小さな火山の上に、何重にもかぶさるようにして、最終的にいまの富士山が出来たのである。

「四階建て」になっているのが分かったのは二一世紀になってからだ。ボーリング調査によって、あとに述べる小御岳火山の下に別の火山の噴出物が三〇〇メートルを超える厚さに堆積していることが分かった。それが「最初の富士山」である。

マグマが上がってきて、「最初の富士山」を作ったのは約七〇万年前だったと考えられている。この最初の富士山は「先小御岳火山」と名づけられている。この火山は三〇万年前頃から二〇万年前頃までは、とくに活発に活動していたと思われている。

この先小御岳火山は、現在の富士山よりも少し北に中心があった。この先小御岳火山は標高で二〇〇〇メートルもなかった。いまの富士山よりもずっと小さな火山だったと考えられている。

競うように噴火していた

この先小御岳火山が噴火した頃には、いま富士山の南東にある愛鷹山（あしたかやま）（山塊としての標高は現在一五〇四メートル）もさかんに噴火していた。また近くの箱根も噴火していた。つまり活火山が近くでいくつも噴火していた時代だった。

なお、愛鷹山は富士山がのちに大きくなったときに、かなりの部分が富士山に埋まってしまった。いまは独立峰ではなくて、まるで富士山の寄生峰のようになっているが、当時は独立峰だった。

その後、約一〇万年ほど前までに、この先小御岳火山にかぶさる恰好で「二階」が作られた。「小御岳火山」である。

図⑩：小御岳火山が顔を出している富士山北側の五合目にある小御嶽神社＝島村英紀撮影。

この小御岳火山は、いまわずかな痕跡が富士山に残っている。それは富士山北側の斜面にある五合目にある富士スバルラインの終点近くに、その頭部がわずかに顔を出していることだ。標高二三〇〇メートルのところで、ここには小御岳神社がある（図⑩）。

富士山を北の山梨県側から見ると、山頂から山麓へのスロープはなだらかな曲線ではない。北西側に出っ張りがある。これは小御岳火山の出っ張りが残っているからなのである。

第3節　富士山の「三階」を作った古富士火山

大量の噴出物

その後、小御岳火山の噴火がしばらく休止した。しかしその後約一〇万年前から富士山は「三階」を作る新たな活動時期に入った。そして「古富士火山」が作られた。この三階は小御岳火山にかぶさる形で出来た。

この古富士火山の噴火では、大量の軽石（スコリア）や火山灰や溶岩を噴出したことが地質学的な調査から分かっている。これらが大量に噴出したということは、爆発的な噴火が起きたに違いない。

そして先小御岳火山のやや南にかぶさるような古富士火山が出来た。この古富士火山の山体そのものは後年の新富士火山の噴火で隠されてしまっていて、いまは見ることが出来ない。古富士火山があったことは、富士山の裾野まで流れてきた岩屑なだれや土石流の中にある岩石片から分かるだけだ。

岩屑なだれとは噴火や地震が原因で、火山体がなだれのように崩れ落ちる現象のことだ。この岩屑なだれも流れ下る速さは自動車なみと速い。

古富士火山は標高三〇〇〇メートルくらいに達する大きな火山だと考えられている。だが、この古富士火山は新富士火山の噴火で隠されてしまっているので、正確な標高は分かっていない。

関東ローム層の誕生

ところで関東地方には、関東ローム層と呼ばれる褐色の細かい砂質の土が広く拡がっている。これは古富士火山から飛んできた火山灰が主体になっているものだ。これに対して、のちの「新富士火山」の火山灰は黒っぽい色が多い。

なお、古富士火山が噴火していた時代にはすぐ近くの箱根も大量の火山灰を出していた。だが箱根の火山灰は白っぽく、古富士火山の火山灰は褐色なので、色で区別できる。関東ローム層では、明らかに古富士火山の影響が大きい。

第4節　秀麗な姿は約一万年前に作られた

四階建のデパートになった

その後、富士山が「四階」を作っていまの形の富士山になったのは、約一万年前から

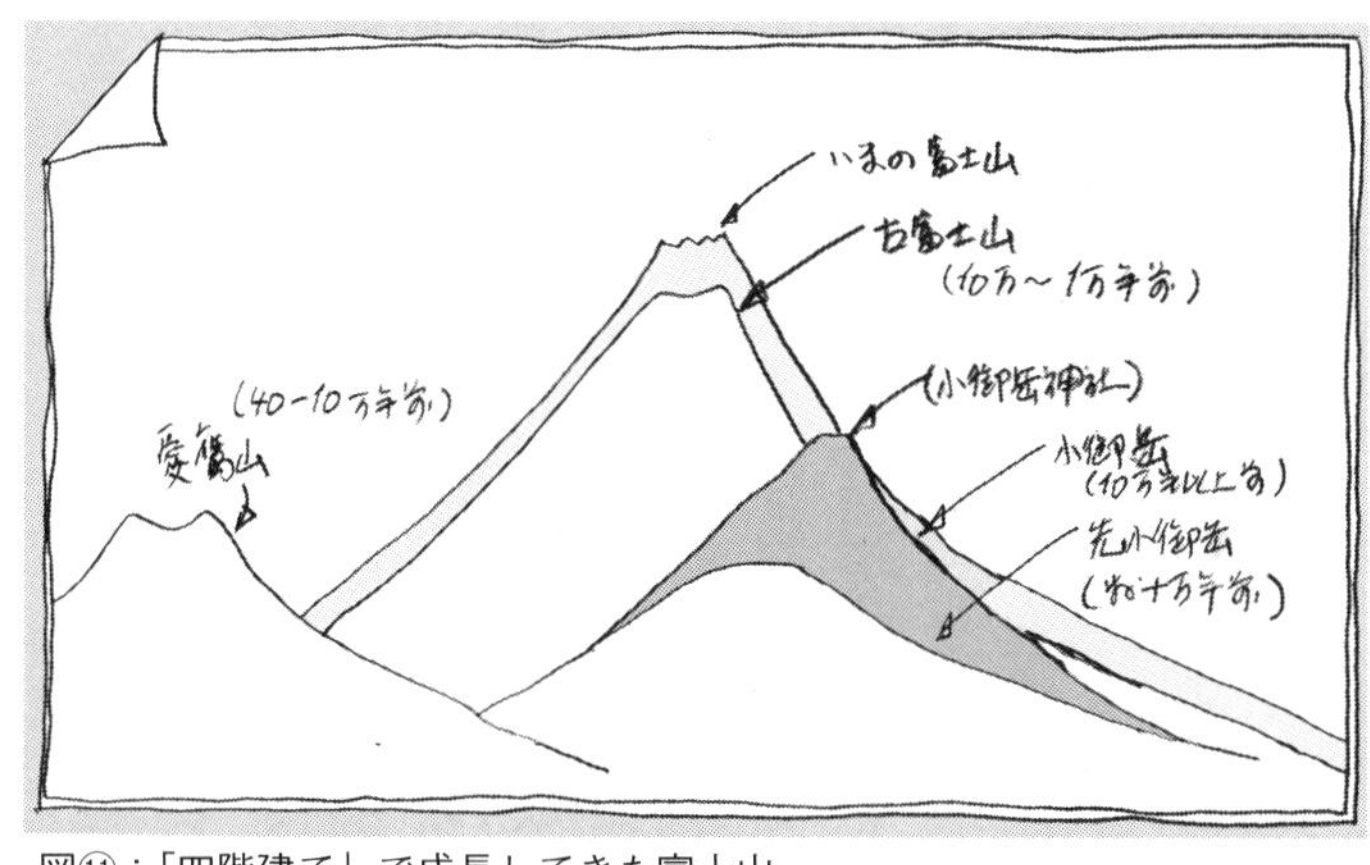

図⑪：「四階建て」で成長してきた富士山

のさかんな噴火活動でだった。

これは新富士火山の活動と言われ、これより前の古富士火山とは地質学的に区別されている(図⑪)。

新富士火山は古富士火山にかぶさる形で、「四階」を作った。つまり、いまの富士山の秀麗な姿は約一万年前に作られたのである。

このころから富士山は噴火の様式が「噴火のデパート」になった。いままではなかった多様な噴火を数多くするようになったのだ。高さも三〇〇〇メートルを優に超えた。

この「四階」を作った噴火で、噴火のデパートとして溶岩流、火砕流、軽石（スコリア)、火山灰を出したほか、山体崩壊も起こした。

なお厳密には、火山礫のうちで黒っぽい色で多孔質のものをスコリア、白っぽい色で多孔質のものを軽石と区別する。軽石は、火山が激しい爆発を起こしたときの噴出物であることが多い。あとに述べる富士山の宝永噴火（一七〇七年）では、はじめに軽石、のちにスコリアが噴出した。

嵐の前の静けさ

この新富士火山の噴火では、噴火のデパートの一環として、山頂だけではなく側火山（火山の脇腹にある寄生火山）も噴火した。山頂噴火で爆発的な噴火が起きた一方で、山腹では割れ目噴火が起きて、玄武岩質の溶岩流を噴出させたのである。

この玄武岩質の溶岩は比較的粘り気が少ないので、最大四〇キロ以上も流れたことが分かっている。そのうちでも、約一万年前に南側に流下した溶岩は三〇キロも流れて駿河湾にまで達した。「三島溶岩流」と言われている。いま東海道新幹線や東名高速道路があるところも横切ったことになる。

また約八五〇〇年前に流れ出た溶岩は、山梨県大月市まで四五キロも流れて「猿橋溶岩」となって現在でも現地で見ることが出来る。

この激しい噴火のあと、七〇〇〇年前頃から六〇〇〇年前頃は富士山の火山活動が低い状態が続いた。しかし、これではすまなかったのだ。嵐の前の静けさであった。

第5節　地下のフィリピン海プレートはナゾだらけ

溶岩の噴水

富士山は「噴火のデパート」といわれるくらい、多様な噴火をしてきた。いつも一七〇七年の宝永噴火のような爆発的なプリニー式といわれる様式の大噴火だったわけではない。述べてきたように、山頂噴火のほかに山腹噴火もあったし、溶岩流が出るものも、出ないで噴石や火山灰だけを出す噴火もあった。山頂近くの急斜面に降り積もったスコリアが崩れて、火砕流となって斜面を駆け下ることもあった。

ところで、富士山の「溶岩泉」から出てきたのは、いつも、比較的粘り気の少ない溶岩だった。日本の火山のほとんどが粘り気の高い安山岩マグマを多く噴出しているのと比べて、富士山はほとんど玄武岩マグマばかりを噴出してきた。

なお、「溶岩泉」とは伊豆大島が一九八六年に噴火したときのように、粘り気の少ない溶岩が火のカーテンのように吹き上がるものだ。このときの噴火口は「溶岩泉」といわれる。まるで噴水のように、粘り気の少ない溶岩が噴き出るためである。このとき、伊豆大島では一〇〇〇メートル以上の高さまで溶岩が吹き上がった。

玄武岩マグマを出すというこの傾向は少なくとも一〇万年以上にわたって続いてきた。

玄武岩マグマだけをこれほど大量に噴出している火山は、日本ではほかにはない。

この粘り気が少ないマグマを大量に出してきたことが、裾野が広く拡がっている富士山の美しい山体を作ってきたのである。

玄武岩マグマのナゾ

だが、富士山が玄武岩マグマだけを大量に出し続けてきたことは、じつはまだ解けていないナゾである。

ひとつの学説は富士山の下でフィリピン海プレートが裂けているのが理由だというものだ。富士山の真下には沈み込んだフィリピン海プレートがある。このフィリピン海プレートは伊豆半島より東側では北北西方向に沈みこんでいるが、伊豆半島より西側では北西方向に沈みこんでいる。つまりこの辺でプレートが裂けて、沈み込み方向が違っているという説なのである。

フィリピン海プレートは伊豆半島より東では相模トラフという海溝から沈み込み、西では駿河トラフという海溝に沈み込んでいる。

そのあいだは、伊豆半島が火山島としてフィリピン海プレートに載ってやってきて衝突したために、海溝が海底にはなくて、陸上にある。旧東海道線や東名高速道路は、この「陸上の海溝部分」が島と本州の衝突部分ゆえに高度も低いのでここを通っているのだ。

つまりフィリピン海プレートの潜り込みはここで不自然に曲がっていて、それゆえ地下で裂けているのでは、という学説なのである。

この裂け目を通してフィリピン海プレートの下の上部マントルにある玄武岩マグマが上昇してきて、富士山は大量の玄武岩マグマを大量に噴出してきたのではないかという説である。

富士山マグマの故郷は

つまり、富士山から出てくる玄武岩マグマは、ほかの日本の火山のようにプレートが沈みこむことで生まれたマグマよりは、むしろプレートが生まれる海嶺で出てくる玄武岩マグマの仲間だというのである。

しかし、これには反論もある。富士山から出てきた玄武岩マグマは、水を多く含むなど、海嶺で出てくる玄武岩マグマとは成分が違って、明らかに島弧の下で作られた、つまり日本の火山帯にあるほかの火山と同じマグマの性質もあるからだ。フィリピン海プレートの下には潜り込んでいる太平洋プレートがあり、この潜り込みで生まれたマグマの性質を持っているというのが反論である。また、地震の震源の分布から、フィリピン海プレートはここで裂けてはいなくて連続しているという別の反論もある。

じつは、このへんに限らず、日本の地下でフィリピン海プレートはどんな形になっていて、どんな性質を持っているかは、まだあいまいなのである。

たとえば、二一世紀になってからも、フィリピン海プレートが、紀伊半島の西端から淡路島中部を通って鳥取市近辺へと至る地域の地下でプレートが裂けている可能性が高いという学説が発表された。この断裂の結果、近畿地方の下はプレートが深く沈み込み、支えのない状態になっているというのだ。

第6節　いまの山頂を作ったのは二二〇〇年前の山頂噴火

本気を出し始めた富士山

約六〇〇〇年前から、富士山は活発な活動を再開した。しかし噴火のデパートといっても、富士山の噴火の様式は、時代によって変化してきたものだ。同時にいくつもの「店を開いた」わけではない。

たとえば、いまから三七〇〇年前頃から二三〇〇年前頃にかけては比較的粘り気が少ない溶岩が流れ出す噴火が起きた。これは山頂からも山腹からも出た。

この溶岩が流れ出した噴火以後、噴火の様式が変わったことが知られている。山頂や山腹での「爆発的な噴火」が起きるようになったのだ。

約二二〇〇年前に山頂で爆発的な噴火が起きた。大きな火口を抱くいまの山頂の形は、二二〇〇年前の山頂噴火で作られたものだ。火口の直径は約八〇〇メートル、火口の深さは二〇〇メートル以上もある。

山頂と山腹の特徴

この二二〇〇年前の山頂噴火で、遠くから見るとギザギザの現在の山頂部を作った。そしていまは、周知のように三七七六メートルの日本一の標高の山になっている。

「お鉢巡り」は、このとき出来た火口のまわりを一周する道だ。お鉢回りは約三キロ、空気が薄く、標高差もあるので平均的な脚力で一時間半ぐらいかかる。

火口のまわりには久須志神社や富士山特別地域気象観測所がある。気象観測所はかつて山頂気象レーダーがあり、観測員が冬でも交代で常駐していた気象庁富士山測候所だったが、いまは気象レーダーは撤去され、無人の気象観測だけになった。富士山測候所の建設やその後の維持の大変さは新田次郎の小説『富士山頂』（文春文庫）に詳しい。

だが、富士山の山頂噴火は、この二二〇〇年前の噴火以後はない。

それ以後に富士山は四〇回ほど噴火を繰り返した。しかし、山頂からは水蒸気が出る「噴気」が見える時期が多かったものの、噴火は山頂ではなく、山腹からの噴火しかない時代が続いている。

だが、大きな噴火がなかったわけではない。山腹からの噴火でも規模はとても大きなものがあった。たとえば宝永噴火は114頁に述べるようにとても大きな噴火だった。

その後の富士山は、山腹の噴火といっても、北側の山腹だったり、南東側の山腹だったり、噴火した場所はまちまちだったのである。

第7節　日本人が見なかった噴火を調べる大事な地質学的な調査

地質学的調査の限界

地質学的な調査は、日本人が見ていなかった昔の時代の噴火を調べる唯一の手段である。ひとつの火山の寿命は多くの場合数十万年程度といわれているし、日本人が噴火を見て記録したのは、地域にもよるがせいぜい一〇〇〇年あまりだから、地質学的な調査は、火山研究にとって、とても大事なものなのである。

他方、地質学的な調査では噴火した厳密な年は分からない。

もし、動植物が火山の噴出物に埋まっていれば、炭素14（C14）という炭素の同位体を使って、その噴火が起きた年代測定が可能である。この手法は地球では炭素全体のうちの炭素14の存在比率がほぼ一定で、それゆえ動植物が生きているときに食物から取り込んでいる「体内での炭素14の存在比率」は、死ぬまでほとんど変わらない。

なお、炭素14は化学的には炭素そのものだから、炭素一般として取り込んでしまうものなのだ。

だが、死後は新しい炭素が補給されることがなくなるために、放射性物質の崩壊によって炭素14の存在比率が下がることを利用して、その動植物が死んでからの年数を推定する手段に使われている。

数百年以内の精度は出せない

しかし、この炭素14は半減期が五七三〇年なので、数百年程度以内という精度では年代を求めることが出来ない。あまり精度のいい年代決定は出来ないのである。

このほか、地質学的な調査には弱点がある。それは、たまたま地表に見えているところに噴火の痕跡があることもあるし、一方で、新しく出た溶岩にカバーされてしまって、痕跡が隠されてしまっているかも知れないことなのである。

地質学的な調査には、さらに別の問題もある。それは、大量の火山灰や火砕流や溶岩が広範囲に出てこなかった比較的小規模の噴火はお手上げであることだ。

そのほか、地質学的な調査噴で溶岩流が見つかっていても、それがどこから出たものか、山頂なのか山腹だったのか、そしていつ出たものかが明らかになっていない溶岩流も多くある。つまり地質学的な調査には、いろいろな制約があるのだ。

第8節　富士山の地質学的な調査はとりわけ難しい

てごわさでも日本一

しかし、富士山の地質学的な調査には、一般的な火山の地質学的な調査よりも、もっと難しい面がある。それはそもそも富士山が、地質学的には比較的若い火山なので、浸食が進んでいないことだ。つまり地表付近が新しく作られた火山灰や溶岩で覆われたままになっていて、浸食が進んでいるほかの古い火山のように、その下に隠れている古い時代の噴出物が顔を出していないので、調べるのが難しいのだ。

このため、「トレンチ調査」とか「はぎ取り調査」といった手法を使って、地表近くの土砂や火山灰を取り除いて、その下にある昔の火山活動の痕跡を見る調査が行われている。トレンチ調査とは、活断層を調べるための方法で、土木機械を使って長さが数十メートルからときにはそれ以上、深さは数メートルか、ときにはそれ以上の細長い溝を掘って断面を調べる方法だ。もともとは米国で開発された手法で、トレンチとは軍隊が掘る塹壕（ざんごう）のことだ。土地の借り上げから掘削、そして原状復帰まで多くの手間と費用を必要とする。

富士山でも二一世紀になってから、東麓の御殿場市と忍野村で約五〇〇〇〜二〇〇〇年前までの数千年間に降り積もった火山灰を調べることに成功した。

また同じく二一世紀になってから行われた貞観噴火のときの噴火口近くにあるスコリア丘のトレンチ調査の結果、貞観噴火では割れ目噴火が多く発生し、それまでの古文書や地質学的な調査の予想を超えた量の溶岩が噴出して溶岩流を流下させていたことが分かった。

トレンチ法調査の難点

しかしこの種のトレンチ法の調査はたいへんな費用がかかる。また、溶岩が積み重なっていたり、溶岩と火山灰や土石流堆積物などが互層になっている場所では、硬い溶岩に阻まれて、トレンチ法は使えない。

またトレンチ法で調査した地点以外は分からない、その調査がどこまでの地域を代表しているのか分からないという短所も持っているので、研究はまだまだなのである。

このほか、岩も掘れるボーリング調査も一部で行われているが、掘削に多額の費用を要するほか、掘削時に大量の水を必要とするので、火山体では一般には難しいことなど、技術的な問題も多い。

つまり、富士山の過去の噴火歴を地質学的に研究するにはいろいろな問題があるのだ。

第9節　バウムクーヘンの作り方をした富士山は、とても崩れやすい

崩れやすいバウムクーヘン

富士山は、火山灰と熔岩が互層になった、菓子のバウムクーヘンのような作りをしている。秀麗な形はここから来ている。しかし、そのためにとても崩れやすい。いまの富士山の形は粉を上から落としていったときに、辛うじて安定を保っている「安息角」の形なのである。

ちなみに、前に述べたように、火山体に基盤岩がなくて、地殻変動の観測をしにくいという富士山の特徴も、ここから来ている。崩れやすい性質のため、新富士火山の時代

になってからも山体崩壊による岩屑なだれが何度も起きたことがある。

前に述べた御殿場の市街地になっている平坦面を作ったのも、この岩屑なだれだった。この岩屑なだれはいまから三〇〇〇年ほど前で、現在までの最後の岩屑なだれである。

もっとも、この御殿場の岩屑なだれは、富士山の山体が崩れて出たものであることは確かだが、その山体崩壊を起こした原因が富士山の噴火かどうかは分かっていない。

不思議なことに、この頃の噴火の地質学的な痕跡が残っていないからである。このため、富士川の河口など、近くの活断層が起こした大地震によって富士山が山体崩壊を起こしたのではないかとも指摘されている。

御殿場の山体崩壊は、もちろん人が住んでいたら大災害になった岩屑なだれだが、幸い、まだ日本人がこの辺には住み着く前のことであった。逆に言えば、富士山が噴火しなくても、大地震で大規模な山体崩壊が起きるほど、富士山は崩れやすい山なのである。

富士山の西側で、現在、起き続けている大沢崩れが、地震も噴火もないのにどんどん崩壊が進んでいるように、バウムクーヘンの作り方をした富士山は、とても崩れやすい、これからも、御殿場の岩屑なだれのような大規模な山体崩壊が起こらないとは限らない。

もし将来、このような岩屑なだれが起きたら、たいへんな惨事になる可能性がないとは、けして言えない。

第5章　日本人が見た富士山の過去

第1節　歴史に残っている最初の噴火は西暦七八一年

最初の富士山噴火記録

八世紀以後には日本の古文書に書かれている富士山の噴火活動が残っている。富士山の噴火を日本人が見て、最初に記載したのは七八一年（天応元年）の噴火である。この最初の噴火の記述は『続日本紀』で七八一年の項に「富士山で灰が降り、山麓の草木が枯れた」とある。

しかし、この記述はわずか二七文字という短いもので、それ以外は見つかっていない。そのため、この噴火について詳しいことはなにも分かっていない。山頂噴火かどうかさえも、分かっていないのである。

その後の平安時代（七九四～一一八五年）には、富士山の噴火は多く、八〇〇年から一〇八三年までの間に一〇回程度もあった。平安時代は約四〇〇年間あったが、その初めの三〇〇年間に一〇回も噴火したのである。

ただし、古文書はけして系統的な歴史書ではない。それゆえ、いままでの古文書研究をつき合わせても、現在に至るまでの期間に、いつ、どれだけの噴火をしたのかは正確に分かっているわけではない。

最近、精密な地質学的な調査から、この時期の噴火活動は、いままで分かっている歴史記録より数が多いのではないかということが分かってきている。調査が進めば、さらに今後も増えるだろう。

記録自体がない

また古文書に書かれた噴火についての記述には110頁に述べるように、いろいろな誇張や明らかな誤りが、数多く含まれていることも分かっている。

記録の「穴」もある。たとえば一〇八三年（永保三年）から一五一一年（永正八年）まで四〇〇年以上噴火の古文書がない。だが、これは実際に噴火が休止していたのかどうかは疑わしい。記録した古文書が戦乱などいろいろな理由で散逸してしまって、いまだに発見されていないだけかも知れない。つまり、この間に噴火活動がなかったとは断言できないのである。

他方、一五六〇年頃、一六二七年、一七〇〇年に噴火活動があったと記載されている古文書もあるが、ほかの証拠から、本当に噴火したかどうかの信頼性は低いとされている。

あったとしても数十文字の記録

じつは古文書にある富士山の噴火には短いものが多い。たとえば九三七年に起きた噴火について、いままで発見された古文書での字数はたった三五字、九九九年の噴火は四四文字、一〇三三年は三三文字、一〇八三年は一七文字、一四三五年は一六字、一五一一年は五三文字にしかすぎなかった。それぞれの詳しい噴火のありさまは、ほとんど分かっていないのである。

もちろん、あとで述べるような富士山の三大噴火のような大きな噴火は、古文書に詳しく残されている。八〇〇年～八〇二年（延暦一九年）に起きた延暦大噴火はそのひとつの例だ。

しかし、もっと小さめの噴火は、これから古文書の調査が進めば発見されるかも知れないが、いままでの古文書の調査からは漏れてしまっている可能性が高い。

つまり歴史時代に富士山が何回噴火したのかは、正確には分かっていないのである。

第2節　歴史に残っている富士山の三大噴火

富士山の三大噴火

いままでの歴史上の噴火で、とくに大きな規模の噴火だった富士山の三大噴火と言われてきているものは、延暦（えんりゃく）の噴火（八〇〇〜八〇二年）と貞観（じょうがん）の噴火（八六四〜八六六年）と宝永の噴火（一七〇七年）である。はじめの二つは平安時代の噴火だ。

三大噴火のうち延暦噴火については文献が少なく、どこの火口から、どんな噴火をしたのかは分かっていない。

古文書の記述からは、延暦噴火の噴火口は富士山の東麓だったのではないかと思われてきたが、近年の地質学的な調査ではそれとは違って、富士山の東斜面と北西斜面の二ヶ所の割れ目噴火として生じたという説が強い。詳しくは次節以下に述べる。

貞観噴火は、101頁以下で詳しく述べるが、富士山の北の山腹から大量の熔岩を噴出させた噴火だ。そしていまは青木ヶ原の樹海が拡がっている下にある大きな溶岩原を作り、また西湖と精進湖を作って、いまの形の富士五湖を作った。

この貞観噴火は、歴史時代の噴火で最大のものだった。北西の山麓に割れ目ができ、幅数キロの割れ目が出来て、そこからマグマが火のカーテンのように噴き上げた。一九八六年に伊豆大島が一〇〇〇メートル以上も溶岩を噴き上げたときよりも、はるかに壮大な噴火をした風景だったのに違いない。

噴火で出たマグマは割れ目からあふれ出し、溶岩流となって山麓の原始林を焼き焦がしながら、斜面を広がりながら流下した。このような割れ目火口列が少なくとも二ヶ所出来て、その長さは、合計で六キロほどもあったと考えられている。

三大噴火は性格が違う

いちばん近年の噴火である宝永噴火は富士山の南東山腹から噴火した。関東地方から見ると富士山が左右対称でなく左側が出っ張っているのは、この宝永噴火で作られた宝永火口のせいである。宝永噴火では溶岩流は出なかった。その意味では貞観噴火と大いに違う。つまり富士山の三大噴火は、すべて違った噴火だった。

第3節　三大噴火のひとつ、延暦噴火はじつは小さかった?

新しく道をつくるほどの大噴火だが……

富士山の三大噴火のうち八〇〇年〜八〇二年（延暦一九〜二一年）に起きた延暦の噴火についての文献は、時代が古いせいか、『日本紀略』などを除いて、ほとんどない。『日本紀略』にこの噴火について書いてあるのは、わずか一七四文字である。このため、富士山のどこから噴火したのかをはじめ、噴火の経過も分かっていない。そして、じつは噴火の規模も分かっていないのである。

『日本紀略』には降灰が多い爆発的な噴火だったことや、東海道の本道である足柄峠越えの道が火山礫が積もって通行困難となったため、新たに箱根路を開いたとある。街道を付け替えなければならないほどの噴火ならば大噴火に違いない、というのが三大噴火のひとつとして数えられた根拠になっていた。

評価定めにくい噴火規模

しかし近年の地質学的な調査では、三大噴火のひとつとして数えるには小さい噴火だったのではないかという学説も出てきている。これは、たとえば三大噴火のひとつである宝永噴火（一七〇七年）が厚さ二メートルもの火山灰層が残っているのと比べて、延暦の噴火では残っている火山灰層がほとんどないことや、噴火の被害が富士山の北麓の一部だけに限られていたことによる。

噴石で通れなくなってしまった足柄路は、当時は富士山の北麓を通っていた。噴火で富士山の周辺全部ではそれほど大きな被害を受けたわけではなく、たまたまここに被害が集中したので、新たに箱根路を開いたとも考えられはじめているのだ。

つまり延暦の噴火は、貞観の噴火や宝永の噴火といった富士山のその後の大噴火と比べても、中規模の噴火だったのではないかというのである。

また、前に述べたように延暦噴火は古文書の記述からは富士山の東麓だけからの噴火ではないかと思われてきているが、近年の地質学的な調査では富士山の東斜面と北西斜面の二ヶ所の割れ目噴火として生じたという説が強くなっている。

第４節　延暦の噴火で「鎮祭」

１ヶ月以上続いた噴火

延暦の噴火は、当時の旧暦で三月一四日から四月一八日まで一ヶ月以上も昼夜の別なく続いた。

当時の歴史書『日本紀略』や『富士山記』の記述では、「駿河国司の報告によれば、昼間は噴煙が空を覆ってしまったのであたりは暗くなり、夜は噴き上げる溶岩や高温の火山灰や火山礫が天を明るく照らし出した。噴火の音は雷鳴のように大きかった。火山灰や砂礫が雨のように降ってきた。溶岩は川に流れ込んで真っ赤に染めた」という。

朝廷が駿河・相模両国の報告を受けて「鎮祭」を命じたのは噴火後約二年たった延暦二一年正月だった。朝廷が占わせたところ、疫病が発生する前兆であるとの結果が出たので、両国に陳謝と読経を行わせ、富士山をなだめようとした。

当時は占いが政治的な判断の大きな指針になっていた。繰り返す噴火を受け、朝廷では富士山に神位を捧げ、神を懐柔することによって事態の沈静化を図ろうとしたのである。

延暦噴火の被害

延暦の噴火は、甲斐（いまの山梨県）側には溶岩流、駿河（いまの静岡県）側には火山灰による被害が大きかったことが、乏しい文献や、いくつかの遺跡調査から分かっている。

甲斐国は都や全国へ通じる道を失って孤立し、政治や経済に大きな打撃を受けた。「三大」噴火としては小さい噴火だったとしても、地元にはたいへんな災害だったのである。

ただし、当時の人々にとっては、富士山の山頂の火口からさかんな噴気が出ているのは、むしろ当たり前の風景だった。平安時代のすぐ前の奈良時代（七一〇〜七九四年の八四年間）後期に成立した『万葉集』には、恋焦がれる胸中を富士山の噴気にたとえて詠んだ歌が多い。噴気もなく静かな現代の富士山からは考えられない、活動的な火山だったのである。

延暦の噴火も、噴火がずっとなかった休火山がいきなり噴火したと人々に受けとられたものではなかったのだろう。

第5節　膨大な量の溶岩が出た貞観噴火

想像を絶する大噴火

この延暦の噴火に比べれば、貞観噴火はとても大きな噴火だったことが分かっている。前に述べたように、貞観噴火は歴史時代の富士山の噴火としては最大のものだった。噴火の規模が大きかっただけではなく、年代があとだったために、それ以前の噴火にくらべて、文献もはるかに多く残っている。

この噴火は平安時代初期の八六四年（貞観六年）から八六六年（貞観八年）にかけて起きた。噴火は、富士山頂から北西に約一〇キロ離れた山腹の斜面で発生した大規模な割れ目噴火だった。

噴出物の総量は約一四億立方メートルにも及び、膨大な量の溶岩も出た。一四億立方メートルとは東京ドーム一〇〇〇杯分以上という量で、日本に起きた噴火の中でも珍しいほどの大噴火である。噴火口になった山腹には、この噴火で出来た長尾山などのスコリアの丘が、いまでも残っている。

この噴火で出た溶岩流は富士山の北西山麓を広く覆いつくしただけではなく、北麓にあった広大な湖「剗の海」の大半を埋没させてしまった。剗の海は『万葉集』に出てくる「石花の海」のことだ。

三つの湖が消えた

こうして小さな二つの湖が残った。現在の富士五湖のうちの二つ、西湖と精進湖である。現在、西湖や精進湖、本栖湖の湖岸に、黒っぽく見えている溶岩は、このときの溶岩流の末端である。

西湖と精進湖は流れこんだ溶岩の下で水脈が連動しており、現在もこの二つの湖の水面の高さは、ほぼ同一である。

じつは本栖湖も一緒に水位が変動する。本栖湖は貞観の噴火以前の別の噴火によって、本栖湖だけが先に分断されたものだと考えられている。

他方、溶岩流の上に一一〇〇年たって再生した森林地帯が、青木ヶ原樹海になった。富士山北西麓に広がる約三〇〇〇ヘクタールの原生林である。

青木ヶ原樹海は現在、鬱蒼とした木が茂っていて、富士山に近いのに富士山は見えないから方向が分からない。木は針葉樹など常緑樹が多いから、冬でも葉を落とさない。

樹海でコンパスが使えないのはホント？

また溶岩のために磁気コンパスが使えないという「都市伝説」もあって、自殺の名所として有名になっている。溶岩の中には磁鉄鉱が含まれるために、磁気コンパスを直接、溶岩の上に置けばコンパスの方向は狂う。しかし、少し離せば、ほぼ正常に働くから、あくまで都市伝説にすぎないのである。

溶岩流がいまの青木ヶ原樹海に流れ込んだときには、ここは大森林地帯だった。しかし溶岩はその森林を焼き払いながら流れ下った。そして、多くの「溶岩洞穴」や「溶岩樹型」が作られた。

溶岩洞穴は溶岩流が流れ下ったとき、表面の溶岩だけが空気に触れて冷却されて凝固し、内部の溶岩は高温の状態を保ちながら流下を続けたので、流れたあとにチューブ状の空洞が作られて出来たものである。これは富士山だけではなく世界の火山地帯に見られるもので、アイスランドにもある（図⑫）。

溶岩樹型は溶岩が樹木を取り込んで固まり、樹木が燃えて、その部分が空洞になったものだ。樹木が鋳型となって作られた。一本の木ではなくて複合した溶岩樹型が多い。これは樹木が溶岩に巻き込まれたとき、すでになぎ倒された状態であったためだと考えられている。

図⑫：アイスランドの溶岩洞穴＝島村英紀撮影

噴火が作った洞窟の特徴

貞観噴火では、国指定の天然記念物になっている本栖風穴、富士風穴、富岳風穴、鳴沢氷穴、龍宮洞穴、西湖蝙蝠（こうもり）穴といった巨大な洞穴が作られた。

内部はその土地の年間の平均気温に近くなっているから、標高が高いこの辺では、内部は夏にはとても寒い。氷穴という名がついた所以である。ちなみに各地の地下水の温度は、それぞれの土地の年間平均気温になっている。たとえば首都圏では一五℃、札幌では八℃ほどだ。

貞観噴火の溶岩でなくなってし

まった森林が一一〇〇年たって再生したのが青木ヶ原なのである。いま青木ヶ原は「富士山原始林及び青木ヶ原」として天然記念物に指定されている。

第6節　足かけ三年間続いた富士山の噴火

貞観噴火の報告書

当時の歴史書『日本三代実録』によれば、都にもたらされた貞観噴火の第一報は、駿河国司によるものだった。八六四年（貞観六年）五月二五日のことだ。噴火から四〇日ほどたっていた。

不思議なことに、この報告では肝心の噴火が始まった日がいつだったかは触れていない。報告によれば、最初の噴火以後、激しく噴き上げた溶岩は、大音響を伴って高さ六〇メートルほどにも達し、三度の地震を伴いながら約〇・四〜一・七平方キロもある大きな噴火口を作った。

噴火後十日余りたってもその勢いは衰えず、山を崩し、火山礫は雨のように降り、噴煙があたり一帯にたちこめ、人々は富士山にはまったく近付けない状態が続いた。

駿河国司の報告では、駿河国司火口から流出した溶岩流は西北に向かい、甲斐国の本栖湖に流れ込んだ。溶岩流の規模は、長さ約一五キロ、幅二〜三キロ、厚さ六〜九メートルもあったとある。

甲斐国の報告書

一方、甲斐国からの報告はずっと遅れて七月一七日であった。これは甲斐国側の被害が甚大だったためだと考えられている。

甲斐国司の報告で報告された被害の惨状はすさまじいものだった。その報告によれば、噴火は山腹の小さな岡や岩を焼き砕き、草木を焼け焦がし、これらを巻き込んだ溶岩流が本栖湖と剗の海を埋めた。熱した溶岩流が流れ込んだ両湖の水は沸騰して熱湯になり、魚類は死に絶えてしまった。

また、溶岩流の通り道にあった民家は、流されて湖の中に埋まり、また、埋没しなくても住人が死んだり避難して無人となった家は数知れなかった。

噴火のときには大地が揺れ、雷を伴って激しい雨が降ったうえ、噴煙が雲霧となって立ちこめ、山野の境目が分からなくなるほど真っ暗になってしまった。そこに溶岩流が発生したために、逃げることができなくなった人々は次々に倒れた。

噴火は翌年末になっても止まず、足かけ三年間も富士山の火山活動は続いた。

第７節　富士山信仰の転換期になった貞観噴火

再び神が怒った

八〇〇年（延暦一九年）の延暦の噴火のときに朝廷が駿河・相模両国の報告を受けて事態の沈静化を図るために鎮祭を命じたことは前に述べたが、六〇年あまりあとだった貞観の噴火のときも、「神」である富士山が噴火したことは、朝廷にとっては国を揺るがす大事件だった。

このため、朝廷は地元の国司に責任をかぶせることになった。駿河国司と甲斐国司からの報告が揃った一〇日後の八六四年（貞観六年）七月二七日、朝廷は災害が起こるのは、国司が神社を適切に繕ったり直したりせず、祭礼をおろそかにしているからであるとして、諸国に修復と祭礼の励行を命じたのだ。

また朝廷では占いをさせて、その結果、八月五日にはさらに勅を下して、「今度の富士山の噴火は駿河国浅間明神の神職の怠慢による」と出たから、駿河国に早速、鎮謝するよう命じた。また甲斐国でも奉斎解謝するようにと指示した。

つまり、富士山の鎮祭に全面的に責任を負っていた駿河の浅間神社の梃子入れを計ったのである。

このため甲斐国でも新たに浅間神を祀ることになり、翌年一二月に勅により甲斐国八代郡に浅間明神の祠を建てて官社とした。

これは浅間明神が「託宣」して「近頃、国吏が誤ったことをして、そのために百姓が多く病死しているのに、そのことに全く気付いていないので、この噴火を起したのである。早く神社を造って祝・禰宜を任じ、(私を)祀りなさい」と言われたからだと言われている。この浅間明神の託宣は伴真貞に依り憑いたものだった。

どのように怒りを鎮めたか

「託宣」とはパプアニューギニアやアフリカでは現在も行われている「憑依(ひょうい)」によって神の託宣を聞き出す儀式で、当時は国の指針を決める大事なものだった。

なお伴真貞は平安時代前期の豪族で、この貞観噴火のときに神がかりして浅間明神の託宣を述べた。甲斐国司が別に占いをさせても同じ結果だったので伴真貞は祝(はふり)に任じられ、国郡の人、伴秋吉を禰宜(ねぎ)として神宮が建てられた。

こうして甲斐国に神宮を造り、鎮静を祈願させたものの、噴火は一向に収まらなかった。富士山の「怒り」はなかなか静まらなかったのであろう。

このため、改めて立派な社殿を剗の海を埋めた溶岩の真上に造営し、甲斐国山梨郡にも、八代郡と同様に浅間明神を祀った。こうして足かけ三年間にわたった噴火はようやく収まった。

富士山信仰の重要な転換期になったのがこの貞観噴火だった。当時の日本は富士山は「神」であり、「鎮祭」を行って噴火を鎮める、つまりシャーマニズムの時代だったのである。だが、その後九三二年（承平二年）の噴火では、神を祭ってあるはずの大宮浅間神社が噴石によって焼失してしまった。自然は信仰よりも強かったのであろうか。

第8節　古文書を調べるときに必要な「注意」

主観が避けられない

ところで、古文書を調べるときに注意しなければならないことがある。地震でも火山噴火でもそうだが、観測器による観測データと違って、記録を書き残した人間の「主観」が避けられない問題であることだ。

昔の地震の場合、「古地震学」あるいは「歴史地震学」という学問分野がある。日本で地震計を使った地震観測が始まったのは明治年間の一八八五年、全国的に地震観測が整って日本全体の地震が記録されるようになったのが一九二六年からだから、もっと昔の地震について知るためには、昔の記録や日記を読んで何百年も昔の地震の歴史を調べる調査が必要である。とくに海溝型地震は繰り返すことが分かっているので、「先祖」の地震がいつ起きて、どんなありさまだったのかを知ることは大事なことだ。

このため、日本だと寺や役場が残している文書を読むことが多い。寺の過去帳のように、いつ誰がどんな原因で亡くなったかを記録している古文書は、過去の地震や津波の貴重な記録である。それゆえ、かび臭い蔵にこもって古い文書を一頁ずつ繰っているという地震学者がいる。

歴史地震学の問題点

ところが、この調査にはいろいろな問題がある。まず、歴史の資料の質や量が時代や地域によってまちまちなので、全国で均質な調査とはとてもいかないことだ。

古くから都のあった近畿地方では歴史の資料が豊富で、数多くの地震が記録されている。他方、歴史の資料が少ない地方では知られている地震の数が少ない。

だが、記録に残っている地震が少ないということはその地方で発生した地震が少ないということを意味するわけではない。また、北海道のように文字を持たない先住民族が住んでいたところでは、日本のほかの地域とは違って、約二〇〇年前でさえ地震の記録はない。

このほか、地震の被害の報告が政治的な判断でゆがめられた例が多く知られている。大きな被害をそのまま報告することが藩の弱みを見せることになるために隠したり、逆に、援助をたくさん得るために被害を水増ししたりした例もあった。

つまりある藩で多くの記録があり、地震や噴火の被害が同じようにあったはずなのに、隣の藩では記録が残っていないことがよくあるのだ。

第9節　大衆が欲しがるセンセーショナルなニュース

富士山は記録も日本一

噴火も同じだ。富士山は目立つ火山だし、日本の火山のうちでも噴火記録が比較的よく分かっている火山だ。

だが、古文書の記録があるのは、富士山では最近の一二〇〇年ほどに限られている。火山の寿命は多くの場合数十万年程度だから、最近の一二〇〇年程度ではごく一部にしかすぎない。それでも観測器による観測以前のことを知るためには古文書の調査は重要である。

宝永噴火（一七〇七年）は江戸時代だったので、それまでの噴火と違って比べるとはるかに記録が多い。だが、これらを使って宝永噴火の推移を研究しようとしても、じつは個々の史料の信頼性が怪しいものが多い。史料に書かれたことを単純にすべて事実として取り扱うと、あちこちに矛盾が生じてしまうのである。

人間の観測力にも限界

そのほか、富士山麓に住んでいた人の記録は、記録の数や記述量は多くはない。あっても噴火初期の記述だけに偏った断片的なものが多い。これらを見ても、なかなか噴火の全体像は分からないのである。

宝永噴火は規模が大きいし激しい噴火だったので、山麓の人々にとっては逃げたり生活を維持するのが大変で、噴火の全容をとらえきれない面があったのであろう。巨大な噴煙で昼でも闇夜のようになってしまった。また、火山礫が降り注いだ地域では、すぐ近くの状況でさえ分からなかったに違いない。まして、それを正確に調べて記述することはできなかったのだろう。

他方、火山からある程度離れた地域では、むしろ正確で客観的な観察をして時間的な推移が分かるものが多い。この意味で、多くの知識人が住んでいて、日々の日記を綴っていた人が多かった江戸では、次節以下に述べるように、宝永噴火について、体系だった記録が多い。全貌はむしろ、これらの方が正確である。

江戸大地震直後に、三八〇ものゴシップ記事が出た

ところで、瓦版といわれる大衆向けの昔の新聞も現代の地球物理学の眼で読み直されている。しかしこれらは大阪の夕刊紙のように、あることないことを針小棒大に面白おかしく書いているものも多いので、地震についても噴火についても、信憑性が疑わしいものも多い。

たとえば安政の江戸大地震（一八五五年）のあとわずか三日間で、三八〇種もの木版の絵と文で地震について描いた鯰絵が発行された。

この地震は江戸を襲った直下型地震で、一説には一万人以上が犠牲になった大地震だった。だが、それにしても三八〇種とはたいへんな量だ。大衆が欲しがる迅速でセンセーショナルなニュースが商売になるのは今も昔も変わらない。そして、事実ではないものが含まれていることも、現代と同じなのである。

いずれにせよ、観測器の記録と違って人が残した記録は、よく言えば人間味が溢れるものだし、悪くいえば政治的だったり扇動的だったりする可能性があるのだ。

第6章　富士山最後の大噴火は三〇〇年前の宝永噴火

第1節　宝永噴火は珍しいプリニー式爆発

もっとも威力の高い爆発様式だった

富士山のいちばん近年の噴火である宝永噴火は一七〇七年（宝永四年）、南東山腹から噴火した。関東地方から見ると富士山が左右対称でなく左側が出っ張っているのは、この宝永噴火で作られた宝永山と宝永火口のせいである（図⑬）。

宝永火口は第一火口、第二火口、第三火口の三つが北西・南東方向に並んでいて、その横に「宝永山」という小さな山がある。この火口も宝永山も、この噴火で出来たものだ。

一七〇七年の富士山の宝永大噴火や一七八三年の浅間山の大噴火などは、火山噴火としてはもっとも大規模で恐ろしいプリニー式噴火だった。

プリニー式という呼び名はプリニウスから来ている。ローマ時代のポンペイ、ヘルク

図⑬：伊豆スカイライン・滝見山（富士山の東南方）から見た宝永火口＝島村英紀撮影

ラネウムなどを埋めたことで有名なイタリアのヴェスヴィオ火山の噴火（紀元79年）の噴火を詳細に観察し後世に記録を残したのが、古代ローマの博物学者、政治家、軍人であったプリニウスだったからである。

プリニー式噴火とは噴煙柱が高く立ち上って成層圏に達する爆発的な大噴火で、噴煙柱の高さは一〇キロから、ときには五〇キロに達することもある。富士山の宝永噴火だけではなくて、一九九一年にフィリピンのピナツボ山で起きた噴火はこのプリニー式噴火だった。前に述べたように、一九九一年に二〇世紀最大の噴火を起こしたフィリピンのピナツボ火山は、低周波地震が起きてからほどなく大噴火したものだった。

ピナツボ山はマニラから北西に約九五キロ離れたところにある。この噴火は二〇世紀では世界最大の噴火だった。噴火前に一七四五メートルあった標高は、噴火後に一四八六メートルになってしまった。山頂部分が激しい噴火で吹き飛んだのである。

玄武岩マグマでプリニー式の噴火は珍しい

そもそも粘り気が少ない玄武岩マグマを出す富士山のような火山がプリニー式の大爆発を起こすことは世界的にも珍しいことだった。

ほかの例では、一八八六年に噴火したニュージーランドのタラウェラ山（現在の標高一一一一メートル）の噴火で一五〇名の死者が出た噴火くらいしかない。この火山はニュージーランド北島にあるタウポ火山帯の火山のひとつである。この火山も玄武岩マグマなのに爆発的な噴火をしたのだ。

東京ドームの体積は約一二四万立方メートルだが、その東京ドームで何杯分、というのが分かりやすいだろう。前に述べたように火山噴出物の体積は貞観噴火は東京ドーム一〇〇〇杯分以上、宝永噴火は東京ドーム五〇〇〇杯分を超えた大噴火だった。

地震の大きさもそうだが、火山噴火の大きさもピンからキリまである。このため、火山噴火の規模を表す数字として、「火山噴出物の体積」で表すことが多い、具体的には、火山灰や火山礫、火山弾、溶岩など火山から出てきたものの総量を、立方メートルの単位で表す。

VEI指標とは

このほか、火山噴火の別のスケールとして、「VEI」（Volcanic Explosivity Index）を使うこともある。ただしこのVEIは、火山から空中に向かって飛び出した火砕物の量から規模を表している数値なので、溶岩ドームや溶岩流などの噴出物のように火口から流れ出しても、上空には飛び出さなかったものは含まれない。

このVEIは一九八二年に米国人研究者二人によって提唱された指標だ。噴火の規模が大きくなるほど数値が大きくなる。

具体的にはVEIが0とは噴出物が一万立方メートル以下のもの、最大のVEIが8とは一〇〇〇立方キロ（一兆立方メートル）を超えるものである。このスケールでも大きなものから小さいものまで、たいへんな幅があることが分かる。

宝永噴火のVEIは5だった。次節で述べるが、この噴火は日本の火山で起きる「大噴火」に数えられる規模の噴火だった。

第2節　現在まで一〇〇年近くは日本中で「大噴火」はゼロ

御嶽山の噴火は規模としては極めて小さい

二〇一四年九月に起きた戦後最大の犠牲者を生んでしまった御嶽山の噴火は、じつは噴火の規模としては大きなものではなかった。「火山噴出物の体積」から見れば、東京ドームの三分の一から二分の一にすぎなかったからである。

だが、火山の大きな噴火では、火山噴出物の体積が東京ドーム二五〇杯分にも達する噴火がそう珍しくはない。これを火山学では「大噴火」というが、この大噴火は、日本の火山としてはそう珍しいものではない。この「大噴火」は何度も日本で繰り返されてきているのだ。

一九世紀までの日本では、各世紀に四〜六回の「大噴火」があった。たとえば一七世紀には北海道・駒ヶ岳（一六四〇年）、北海道・有珠山（一六六三年）、北海道・樽前山（一六六七年）、北海道・駒ヶ岳（一六九四年）の四回あった。

一八世紀には富士山の宝永噴火（一七〇七年）があった。もちろん富士山の三大噴火のひとつである。

代表的な大噴火

そのほか一八世紀には、北海道・樽前山（一七三九年）、伊豆大島（一七七七〜一七七九年）、鹿児島・桜島（一七七七〜一七八二年）、雲仙岳（一七八二年）、浅間山（一七八三年）の六回あった。

このうち樽前山（一七三九年）と桜島（一七七七〜一七八二年）は、富士山の宝永噴火などほかの四つの噴火よりもさらに大きく、東京ドーム約八〇〇杯分以上だった。

一九世紀にも北海道・有珠山（一八二二年と一八五三年）、北海道・駒ヶ岳（一八五六年）、福島・磐梯山（一八八八年）の四回あった。こうして見ると、北海道にある火山が大噴火をよく起こしていたことが分かる。

ところが二〇世紀に入ってからは様相が違った。二〇世紀には、はじめのうちに二回の大噴火があっただけで、以後現在に至るまで一〇〇年近くは異例に静かな状態が続いているのである。二〇世紀の大噴火は鹿児島・桜島（一九一四年）と北海道・駒ヶ岳（一九二九年）だけだった。

一九二九年以来、現在まで一〇〇年近くは「大噴火」はゼロ。なぜ、この静かな状態が続いているのかという理由は分かっていない。

今世紀、大噴火は五回起きる!?

だが、地球物理学的には、静かな状態がいつまでも続くことはありえない。もっと「大噴火が」多い「普通の」状態に戻ると考えるのが地球物理学的には自然なのである。

139頁に述べるように、東日本大震災を起こした東北地方太平洋沖地震は、日本の火山が活発な状態に戻るきっかけになるのではないかと考えられている。

「大噴火」が二一世紀には少なくとも五〜六回は起きても不思議ではないと考えている地球物理学者は少なくはない。

第3節　宝永噴火は予想もしない場所から、いきなり大爆発

超爆発——轟音と黒い噴煙

一七〇七年に起きた富士山の宝永噴火は、人々が予想もしない場所から、しかも、いきなり大爆発で始まった。起きたのは一二月一六日。当時使われていた旧暦では宝永四年一〇月四日のことだった。

火山噴出物の量からいえば、宝永噴火よりも貞観噴火のほうが多かった。だが、宝永噴火のほうが、はるかに爆発的だった。貞観噴火の火山噴出物は、出てきた溶岩流が多

かったことに特徴があった。

宝永噴火では、富士山の南東山腹の五合目から轟音とともに黒い噴煙が渦を巻いて立ち上った。富士山の五合目は、秀麗でなだらかな山腹が広がるところで、まさか五合目から噴火するとは思えない場所だった。

もちろん過去にここから噴火したことはなかった。前に述べたような平安時代だけではなく、江戸時代になってからも、富士山は静かに噴気を上げていたと思われる表現が和歌や俳句などに見られていたが、いずれも山頂からの噴気だった。

宝永噴火はとても爆発的な噴火だった。前に述べたように、ほとんど玄武岩マグマを出している火山で爆発的な噴火をすることは世界的にも珍しいことだった。

噴火の初期には白っぽい軽石や火山灰、のちに黒っぽいスコリアと呼ばれる噴出物や火山灰が大量に吹き上げた。軽石は火山が激しい爆発を起こしたときの噴出物であることが多いので、最初の爆発的な噴火が激しかったことを物語っている。

一方、宝永噴火では、貞観噴火のときのようには溶岩は火口から流れ出さなかった。噴火の様式がまったく違ったのである。

第4節　噴火後二時間で江戸に達した火山灰

新井白石の記録

宝永噴火の噴煙は一万五〇〇〇〜二万メートルにも昇ったと思われている。成層圏の高さだ。そして火山灰は上空の偏西風に乗っていまの首都圏に一〇〜三〇センチも積もった。とくにいまの神奈川県には多かった。

江戸城など江戸の中心部にいた旗本、政治家、学者であった新井白石は自叙伝『折たく柴の記』で、はじめ、白い火山灰が雪のように降り、やがて黒い火山灰に変わったことを記している。降りしきる灰のために、江戸では昼間でも燭台に明かりを灯さねばならないほど暗くなっていたことも書かれている。

白石が記録したように江戸で降った火山灰が途中で変化したのは、最初は二酸化珪素を多く含んだ白っぽい火山灰、数時間後には、二酸化珪素が少ない、黒っぽい火山灰に変わったからである。前に述べたように、白っぽい軽石や火山灰は密度が小さいデイサイトマグマから、そしてスコリアや黒っぽい火山灰は、密度が大きい安山岩マグマから来ていたのであった。

伊東祐賢の詳細な記録

新井白石は当時、甲府藩主綱豊（のちの六代将軍家宣）に仕えて学問を進講していた。白石のほか、幕府の旗本、伊東祐賢も日記『伊東志摩守日記』に、刻々と変わる噴火の状況を正確に記していて、宝永噴火の貴重な記録になっている。『伊東志摩守日記』は現在の墨田区両国付近での観察で、噴火が始まった日だけで、火山灰が数センチも積もったという。

噴火は一六日間続いたが、江戸では火山灰が断続的に降り続いた。ときには粟粒ほどの砂のような黒い大粒の火山灰が降りしきって、家々の屋根に落ちる音が大雨のようだったという。

なお、火口から岩石やその粉砕されたものが飛び出すときに、火山学では、直径二ミリ以下のものを「火山灰」、二ミリから六四ミリまでのものを「火山礫」、それ以上の大きさのものを「火山岩塊」という。

一方、気象庁では「火山礫」と「火山岩塊」を合わせて「噴石」と言っている。噴石の中には、数十センチ以上のものが含まれていることもある。

これらの噴出物は、直径が小さなものほど、風に乗って遠くに飛ぶ。このため、宝永噴火で江戸まで届いたのは、ほとんどが火山灰だった。

図⑭：静岡県御殿場駅前に飾ってある火山弾＝島村英紀撮影

なお、直径一〇センチを超える大きな噴石の到達距離は、ふつうは火口からせいぜい四キロメートル程度だが、噴火の激しさや風向きによっては、こぶしの大きさのものが一〇キロ以上飛ぶこともある。

御殿場駅前には、富士山から飛び出した大きい火山弾が飾ってある。なお、火山弾とは噴石の一種で、まだ固まっていないマグマが火口から噴き出されて空中で固結したものをいう。紡錘形や楕円体形のものが多い（図⑭）。

このとき江戸市中に降り積もった火山灰は、その後も強い風が吹くと飛散したために、市民は富士山の噴火後も長期にわたって呼吸器疾患に悩まされた。

第5節　富士山の近くでは大被害

壊滅的被害

江戸で火山灰が降っただけではなくて、もちろん富士山の近くでは、たいへんな被害を生じた。富士山の南東から東の山麓に点在する村々では降り注ぐ噴石や火山灰で家や田畑が埋まった。

なかでも噴火地点に近い富士山の東麓にある須走（すばしり）（現在は静岡県駿東郡小山町）の集落は壊滅状態になった。須走に降った噴石は大きいものだと直径二〇メートルもあり、火山礫や火山灰の厚さは二〜四メートルにも達した。

軽石、スコリア、火山灰といった火山噴出物は須走で厚さ四メートル、御殿場から山北付近で約一メートルあることが地質学的な調査からも分かっている。ちなみに横浜でも八〜一〇センチ積もった。

降ってきた石で家が燃えた！

古文書には「直径四〇～五〇センチもの焼け石が激しく降りそそいだ」とある。焼け石とは火山学の用語ではないが、落ちた家を燃してしまうほどの高温の噴石や火山弾のことである。須走でこの焼け石の直撃を受けた家はたちまち炎上し、七五戸のうち三七戸が焼失、残りの家もすべて倒壊してしまった。

壊滅した須走村のほかにも、近隣の大御神村、深沢村、用沢村などでは、家も田畑も噴石や火山灰に埋まってしまった。住民は村を捨て、命からがら避難していくのが精いっぱいだった。この噴火で富士山の近くでは五〇以上の集落が埋没してしまった。

噴火が一六日後に終わって、避難先から帰ってきた集落の人々が見たのは厚く降り積もった火山礫や火山灰に覆われた家や耕地だった。

復興できない深刻な被害

いまのような重機がない時代だったから、火山灰や火山礫が厚く降り積もった田畑は放棄するしかなかった。まだ収穫前の作物もあった耕地を失って、すべての収穫を奪われた人々は、たちまち飢餓に陥った。

この災害を見て地元の小田原藩は米一万俵を各村に分配した。しかし、その程度では飢餓に苦しむ人々には、あまりに少ない量だった。分配後も、地元では餓死する者が次々に相次いだ。支援はあまりに少なく、あまりに遅かったのである。

第6節　最後まで冷たかった幕府

火山灰は消えない

火山灰は雪と違って、溶けてなくなってしまうことがない。このため、降り積もった火山灰は人力で取り除かなければ、いつまでもそこに残ったままになってしまう。また、次節に述べるように、山野に積もった火山灰のほか、人々が移動した火山灰や噴石が、別の二次災害を引き起こすこともある。

宝永噴火でも降り積もった火山噴出物を除去するには、たいへんな労力や経費を必要とした。地元の人々だけでは到底、回復は不可能だった。

幕府など支配層では、災害を受けた地方は滅びてもやむをえない、という判断があった。つまり「棄民」である。

お上は民を見捨てる

二〇一一年に起きた東日本大震災とそれに続く原発事故でも、福島の人たちは「棄民」にされるのではないかと恐れている。為政者は「選択と集中」という耳あたりのいい言葉を持ち出しているが、ともすれば、為政者というものは、「国難」の前では「国策」のために棄民をしかねないのが宝永噴火のときも、いまもなのである。

このため、宝永噴火での地元の復興への執念は、ときとして為政者との激しい闘いになった。このへんの事情は永原慶二『富士山宝永大爆発』（集英社新書、二〇〇二年）に詳しい。

地元の百ヶ所以上の村では「訴願」を小田原藩に出したが、らちがあかず、小田原藩が止めるにもかかわらず、江戸へ直接訴える行動に出た。しかし、それでも幕府は米や金を支給する約束を果たさなかった。

しかし、農民が復興に必要な書類を揃えるなどしてねばり強く活動を続け、ようやく幕府を動かした。このため、幕府は関東郡代であった伊奈半左衛門忠順を現地に派遣して復旧・復興事業にあたらせることになった。

こうして噴火後二年以上たった頃から宝永噴火の復興はようやく軌道に乗ったのである。

被災地に分配されたお金はわずか

幕府は被害の大きかった村々を公領とすることに決め、幕府の直轄として伊奈忠順の支配下におくことにした。しかし、飢餓に苦しむ人々の救済と被災地の復旧のための伊奈忠順の政策も、資金難のためにしばしば行きづまった。

この宝永噴火による降砂災害救助のために、幕府は「諸国高役金」を全国から集めた。翌年から諸国に対して幕府領・私領を問わず、石高一〇〇石について二両ずつの割合で徴収したのである。

この「諸国高役金」は四八万両余に達した。だが、このうち地元に配分されたのは、甚大な被害をこうむって特別な配分を受けた須走を入れても、わずか一万両にすぎなかった。あとは幕府のふところに入ってしまったのだ。

この宝永噴火では、いままでにない大災害からの復興に中央政府は無力であることを示した。地元からの強い働きかけがなければ、幕府はようやく重い腰を上げなかった。村々からの請願があって、はじめて上が動く、それでも最後まで冷たかったという構図だったのである。

第7節　二次的な大水害で被害が広がる

噴火の影響で大洪水が発生

地元では、火山灰や噴石が流れこんだ河川の改修もなかなか進まなかった。そして、復旧が進まないうちに、川の氾濫という二次災害が発生してしまった。

宝永噴火で出た莫大な量の火山灰や噴石は近くの河川をせき止め、小型の「土砂ダム」がいくつも作られてしまった。

砂捨て場も決められていた。だが、そこにうず高く積みあげられていった田畑から持ってきた火山礫や火山灰は、やがて大雨が降るたびに崩れはじめ、少しずつ沢へと押し流されていった。そして最終的には酒匂(さかわ)川の本流に集まり、さらに下流へと運ばれていった。これらは川を浅くした。

そして噴火の翌年八月に、大雨でこれらの自然に作られてしまったダムが決壊し、多量の土砂を含んだ洪水が発生した。噴石も火山灰も重いものだから、海まで流れていくわけではない。酒匂川を浅くして、川の両側に堆積していたのである。

平野一面が泥の海に

この酒匂川の洪水はとても大規模なもので、流域の足柄平野を一面、泥の海に変えてしまった。酒匂川の下流に広がる足柄平野は小田原藩にとっての重要な穀倉地帯で、ここに大打撃を与えることになった。この洪水によって、富士山から遠い多くの人々が家も農地も失うことになった。

じつは前節で述べた幕府が動いたのも、この穀倉地帯への大被害を見てのことだった。大規模な洪水は水が引けば終わりというわけではない。濁流に含まれていた大量の土砂が氾濫した穀倉地帯だった田畑に残って、被害をさらに深刻なものにした。

そのうえ、その後も大雨のたびに洪水が繰り返された。洪水後も手がつけられなくて半年間も水没したままの土地さえあった。

宝永噴火は、降下噴出物による直接被害と飢饉の発生、さらには二次的な大水害と、広域にわたって人々の生活を破壊してしまった。火山噴火による重く長い後遺症が長く続いた大災害になってしまったのである。

被災地が完全に復旧するまでには、宝永噴火から四〇年以上もの歳月を要した。

第8節　宝永地震が起きて四九日後の宝永噴火

噴火の前には大地震があった

じつは、この宝永噴火の四九日前には南海トラフを震源とする巨大地震である宝永地震が起きていた。

宝永地震は恐れられている「南海トラフ地震」の先代と考えられている巨大地震で、近年の研究では東日本大震災を引き起こした東北地方太平洋沖地震（二〇一一年）クラスの大地震ではなかったかと考えられている。宝永噴火が、この大地震によって引き起こされたのではないかという疑いは強い。

宝永地震の震源はくわしく分かっているわけではないが、いまの静岡県の沖から四国の沖まで伸びている海溝（駿河トラフ、南海トラフ）を舞台にして起きた巨大な海溝型地震だった。

東北地方太平洋沖地震のモーメントマグニチュード（Mw）は9・0だった。モーメントマグニチュードは、いままで日本で使われていた気象庁マグニチュードとは違うマグニチュードだ。モーメントマグニチュードは気象庁マグニチュードと違って、巨大な地震でも数値が飽和しない、つまり巨大地震の大きさを正確に計ることが出来るマグニチュードである。

気象庁マグニチュードとモーメントマグニチュードの違い

気象庁マグニチュードが地震計で記録した地震の揺れの最大震幅から決めるのと違って、モーメントマグニチュードは地震の震源で、どのくらいの大きさの地震断層がどれだけの量滑ったかということから決めるものだ。巨大地震の大きさを正確に表すのには、こちらのほうが適している。

気象庁マグニチュードは8・3とか8・4で飽和してしまって、どんな大きな地震でもそれ以上の数値にはならない。このため宝永地震は近年までマグニチュードは8・3とか8・4とされてきた。これは気象庁マグニチュードの最大限の数字である。

最近の学説では、宝永地震はモーメントマグニチュード9・0の東北地方太平洋沖地震なみの大地震ではなかったかということになっている。

モーメントマグニチュードは近代的な地震計が普及してからでないと数値が求められないという制約がある。このため、いままで世界で起きたモーメントマグニチュード9クラスの巨大地震は七つだけしか知られていない。最大のものは一九六〇年に起きたチリ地震でモーメントマグニチュードは9・5だった。

雷のような山鳴りが続いた

宝永地震が起きたあと、富士山周辺で鳴動や小地震が感じられるようになった。なかでも噴火直前の地震は活発で、地震から四八日後の一二月一五日午後に群発地震が始まり、夜に入って地震はしだいに大きくなり、翌日の一六日には雷のような山鳴りと地震が、明け方からひっきりなしに続いた。

そしてその日の午前一〇時頃、強い地震と鳴動を伴って宝永噴火が始まったのであった。

しかし一方で、これら噴火の前に起きていた富士山周辺で起きていた鳴動や小地震や群発地震が「噴火の前兆」であるかどうかには疑いを持っている研究者もいる。これらは噴火の前兆ではなくて、たんに宝永地震関連の誘発地震ではなかったかというのである。

前兆(前震)だったのか、誘発地震だったのかという、この決着はつかない。前震は「オレが前震だよ」といって起きてくれるわけではない。地震計の記録を見ても、誘発地震を含めて普通に起きる地震と区別がつかないものなのである。それゆえ、もし、観測器による観測がある現代に起きたとしても、これらを区別することは不可能なのだ。

第9節　世界では巨大地震のあとに噴火が多い

大地震の後は大噴火が必ず起きる

ところで、東北地方太平洋沖地震なみの、つまりモーメントマグニチュードが9クラスの巨大地震がいままで世界各地で起きたあと、例外なく近くの火山が噴火したことが分かっている。

その七つの巨大地震のうち、東北地方太平洋沖地震を除く六つでは、地震の後、一日から四年後に近くの火山が噴火した。

東北地方太平洋沖地震だけが噴火が起きない例外だった。二〇一四年九月の御嶽山噴火は前に述べたように、それほど大きな噴火ではなかったが、これで例外がなくなったというべきか、まだ今後、どこかで噴火があるのかは学問的にはなんとも言えない。

世界にも例が多い

いままで知られている世界最大の地震、一九六〇年のチリ地震（モーメントマグニチュード9・5）では、地震二日後に近くのコルドンカウジェ火山が噴火したほか、地震後一年後までに近くの三つの火山が噴火した。

このほか一九五二年のカムチャッカ地震（モーメントマグニチュード9・0）では地震から三ヶ月以内にカルピンスキー火山など三つの火山が、そして三～四年後にはベズイミアニ火山が噴火した。ベズイミアニ火山は一〇〇〇年も休止していたのちの噴火だった。

また一九五七年のアンドレアノフ地震（モーメントマグニチュード9・1。アリューシャン列島）でも地震後四日から五ヶ月後に近くの複数の火山が噴火した。

そして一九六四年のアラスカ地震（モーメントマグニチュード9・2）でもトライデント火山が地震の三ヶ月後、そしてリダウト火山が二年後と二つの火山が噴火した。

二〇〇四年のスマトラ沖地震（モーメントマグニチュード9・3）でも、四ヶ月から三年後にタラン、メラピ、ケルートの少なくとも三つの火山が噴火した。

いままでの例だと巨大地震のあと、近くでひとつだけの火山が噴火した例はなく、すべての例で複数の火山が噴火した。これらの先例では「近く」というのは震源から六〇〇～一〇〇〇キロ以内であった。つまり「近く」といっても本州を覆うような距離までの範囲で起きている。

先例を信じれば、御嶽山だけではなく、富士山を含めて、日本のどこでも別の噴火が誘発されても不思議ではない。

第10節　東北地方太平洋沖地震の影響はこれから

日本の形が変わった

東北地方太平洋沖地震のモーメントマグニチュード9・0という大地震は、広い範囲で地殻変動をもたらした。GPSでの測地測量によると、宮城県牡鹿半島の先端で東南東に5・4メートル動いた。

そこから遠くに行くにしたがって徐々に小さくなっていったが、それでも関東地方でも三〇～四〇センチも地殻変動があった。もっと遠くても一〇～二〇センチだった。

GPSによる測定は地下の基盤岩ではなくて、地表で測っている。基盤岩とは、日本各地で表面を覆っている柔らかい土の下にある岩のことだ。

このためGPSによる測定は地表を覆っている柔らかい堆積層の影響を受けてしまう。たとえば雨が降ると、データが変動する。しかし、大地震の直後に起きた、いわば瞬間的な変動は、基盤岩がその上の堆積層ごと一挙に動いたものだと考えられる。

つまり、東北地方太平洋沖地震は日本の基盤岩を、広範囲に動かしてしまったことになる。

活発化しはじめた火山

東北地方太平洋沖地震の直後に、東北地方から九州までの多くの日本の火山で地震や噴気などの活動が活発化した。各地の火山で噴気が増えたり、火山性地震が増えたりした。これらは二週間ほど続いた一時的なものだったが、噴火には至らないまでも、東北地方太平洋沖地震という大地震が火山を活性化したのであろう。

その他、前に述べたように、東北地方太平洋沖地震の四日後の三月一五日に、富士山直下でマグニチュード6・4の地震があり、静岡県東部で震度6強を記録した。このほか、東北地方太平洋沖地震の翌日朝に長野・新潟県境で起きて震度6強を記録し、死者三人を出したマグニチュード6・7の地震も起きた。これらは東北地方太平洋沖地震の誘発地震だと考えられている。

富士山のマグマ溜まりにヒビ

この富士山直下の地震は富士山の山体南部の地下で起きたが、幸い、富士山の噴火には結びつかなかった。しかし、研究者によっては、震度が大きかったこの地震で、富士山の下にあるマグマ溜まりにヒビが入ったのではないかと指摘している。

地震と火山は両方とも地下でプレートがらみで起きる現象だから、なにかがつながっているのに違いないのだが、残念ながら現在の科学では、地震と火山がどうつながっているかは分かっていない。しかし、世界的に見ても火山噴火と大地震とが相前後して起きた例は多いのである。

これら東北地方太平洋沖地震の直後の影響だけではすむまい。この地殻変動が日本各地の火山の将来の噴火にじわじわ影響を及ぼしていっている可能性は高い。十年、あるいはもっとかかって将来の噴火や地震にも影響するだろう。

第11節　箱根は富士山と兄弟の火山

箱根の噴火はどうなる

東北地方太平洋沖地震のあとで、箱根の火山活動も活発になった。

箱根は、富士山と兄弟の火山である。前に述べたように、富士山と同様、火山島だった伊豆半島が日本にくっついてから生まれた若い火山である箱根は、富士山と二五キロ

図⑮：長尾峠から見た箱根火山の全景＝島村英紀撮影

しか離れていない。また、過去には富士山と同時期に噴火したことも分かっている。

　箱根を空から見ると、中央火口丘のまわりを外輪山がとりまいているという典型的な火山の形をしている。東西八キロ、南北一二キロほどもある大きな火山である。

　中央火口丘では標高一四三八メートルの神山が箱根の最高峰になっている。噴気をいつも出していて、二〇一五年六月に噴火した大涌谷は中央火口丘の一部で、箱根でいちばん高い神山のすぐ北側にある。写真で中央は中央火口丘・神山。そのすぐ左で白い噴煙を上げているのが大涌谷である（図⑮）。

　写真右手の芦ノ湖も中央の仙石原も外輪山の内側にある。北側の金時峠や西側の長尾峠はともに外輪山の一部である。

箱根にあるホテルも別荘も保養所も外輪山の内側、つまり活火山の真上にある。箱根は日本最大規模のリゾート地であり、ホテルや温泉のほか、いろいろな観光施設をはじめ企業の保養所や別荘など数多い。年間の観光客が二〇〇〇万人にも達するという箱根は、すっぽり外輪山の中に入っている構図なのである。人々が多く集まる、という意味では富士山なみ、あるいはそれ以上かも知れない。

富士山と箱根は一緒に「富士箱根伊豆国立公園」になっている。年間の観光客は一億人を超える。日本最大の観光地になっている国立公園である。面積は一二万ヘクタールあまりで、静岡県、山梨県、東京都、神奈川県の四都道府県にまたがっている。

第12節　富士山よりもっと知られていない箱根の過去の噴火

箱根は活発な大火山だった

箱根では約八〇〇〇年前にも大きな噴火が起きた。この噴火は中央火口丘である神山山頂付近で起きた。また、約五七〇〇年前の二子山溶岩ドームの噴火があった。ともにマグマ噴火だった。

もっと近年の噴火としては約三〇〇〇～三二〇〇年前、約二〇〇〇年前、一二世紀後半～一三世紀の短い期間に三回の計五回、噴火を起こしたことが地質学的な調査から知られている。

いまから三〇〇〇～三二〇〇年前の噴火は、とくに大きかった噴火だったことが地質学な研究から分かっている。このときの噴火はマグマ噴火で、中央火口丘の神山の北側が山体崩壊し、冠ヶ岳の溶岩ドームも作られた。

そのときには大規模な岩屑なだれや火砕流が出て外輪山の内側を埋めつくして、いまは平坦で湿原やゴルフ場が広がっている仙石原を作り、川をせき止めて芦ノ湖も作った。それだけではなくて、この岩屑なだれは外輪山の西側を占めている長尾峠を越えて外輪山の外側にまで流れ出したほどだった。

箱根の噴火記録はない

ところで、日本人が見て記録した箱根の噴火はない。知られている噴火のうち最後として知られている噴火活動は鎌倉時代だが、箱根の噴火についての古文書は見つかっていない。地質学的な証拠だけから、このときの噴火が分かっているのである。いまと違って箱根にはほとんど人が住んでいなかったからであろう。富士山の最後の宝永噴火である一七〇七年よりもずっと古い時代だ。

さらに前には、箱根山の約六万～九万年前の噴火から出た火砕流が、三〇キロ近く離れた神奈川県の大磯や五〇キロ近くも離れた横浜まで達したことが地質学的な調査から分かっている。この大規模な火砕流は一回だけではなく、何回もの別の噴火から出た。もし、この種の噴火が再び起きれば、大磯、平塚、茅ヶ崎と人口密集地が続いていて鉄道も道路もある現在では大災害になることは確かであろう。箱根は過去に大噴火した歴史がある火山なのである。

第13節　箱根の火砕流が横浜まで来た

温泉が噴火を食い止めている？

東日本大震災（二〇一一年）直後に、中央火口丘の南側にある箱根駒ヶ岳（標高一三五六メートル）から芦ノ湖付近、外輪山の北端にある金時山付近、大涌谷北部などでの地震活動が活発化して有感地震（身体に感じる地震）が多発した。

大涌谷で火山ガスが日常的に吹き出している。箱根地区の温泉は、この高温の火山ガスを利用して水を人工的に温めて、温泉としているものだ。じつは、こうして「高温の火山ガス」をいつも「抜いて」いることは、火山噴火の予防になっているのではないか、という学説もある。

また、大涌谷では特産品として「食べると寿命が延びる」という真っ黒なゆで卵を売っているが、これは火山ガスの中の硫化水素の成分によって黒くなったものだ。

箱根で起きた異変

東日本大震災以来、それまでは大涌谷だけから出ていた火山ガスが近くの林でも出始めて、山林が枯れた。

もともと箱根では火山性の群発地震が多い。小さな地震が多いが、たまには大きなものも混じる。たとえば前に述べたように、二〇一三年二月には局地的には震度5を記録した地震が起きて、箱根ロープウェイが停止した。東日本大震災以後、地震活動もさかんになった。

このほかにも、身体に感じない小さな地震も数えると、二〇一五年の夏から秋にかけては多いときには日に数百回以上の地震が箱根の地下で起きた。ただし前に述べたように、これは気象庁ではなくて、神奈川温泉研究所の観測によるものだ。

なかには大涌谷など中央火口丘だけではなくて、外輪山を越えるところで起きた地震もあり、北西側にある富士山に地震が近づいたこともあって、一時的には地元の緊張が高まった。

箱根では二〇一五年六月に大涌谷で、ごく小さな噴火があった。箱根ロープウェイの大涌谷駅やその他の駅周辺の集落で降灰が確認された。噴出した火山灰の量は百トン程度だった。

この噴火は、新たなマグマが出てきたわけではなく、過去に積もっていた火山灰を吹き飛ばした程度の噴火だった。

地質学的な証拠に残らない噴火

このくらいの噴火だと、地質学的な証拠は残らない。このため、過去の噴火としては、ある程度以上大きな噴火だけしか地質学的には知られていない。過去の噴火の回数はもっと多い可能性が高い。

このとき、箱根は八〇〇年ぶりの噴火だと報道された。だが、二〇一五年なみのごく小さな噴火が、過去八〇〇〇年の間にもしあったとしても、地質学的な証拠がなにも残っていないから、本当に八〇〇年ぶりかどうかは分からないのである。ただ、箱根山で「確認された噴火」としては、一三世紀頃に大涌谷で生じた水蒸気噴火以来であることは確かなことである。

第14節 「地元への配慮」もあって警戒レベルを下げた?

気象庁の地震リストには載っていない

じつは、箱根での気象庁の地震観測は前にも述べたように貧弱で、この震度5を記録した二〇一三年二月に起きた地震も、気象庁が箱根では東の端の方にわずか二地点しか置いていない地震計では感じなかった。つまり、前に述べたように、気象庁の地震リストには載っていない。箱根の群発地震を観測しているのは地震計を多数展開している神奈川温泉地学研究所だけなのである。

しかし神奈川温泉地学研究所は、神奈川県が持つ施設である。箱根が最大の観光地である神奈川県の配下の施設が「箱根が危ない」「富士山が危ない」と発表することにはさまざまな抵抗があり、科学と政治の板挟みになってしまう問題が指摘されている。

前に述べた富士山の山体膨張も、この温泉地学研究所が計算して発表していたものだ。だが、山体膨張が二〇〇六年以降加速しているように見えるのに、二〇〇九年以後は発表をやめてしまった。これも、同じ事情から来ているのではないかと思われる。気象庁の火山観測が貧弱でほかの機関、観光が重要な産業である自治体の観測に頼らざるを得なくなっていることは、こんなことまで影響を及ぼしているのである。

箱根には過去の噴火歴も前兆観測の経験もない。それゆえ気象庁にも、多くの観光客が集まる観光地へ「政治的な配慮」をせざるを得ないという事情がある。

気象庁は噴火ではないと言い張った

二〇一五年には箱根の活動が一段と活発になり、前に述べたように六月には大涌谷で小さな噴火があった。最初、気象庁はこの噴火のことを、噴火ではない、と言い張った。のちに訂正して噴火としたが、これも、地元への配慮であった。火山学では火口から火山灰など蒸気以外のものが飛び出したら「噴火」なのである。気象庁はこの火山学の常識を無視したのだ。

幸いその後は、活発だった地震活動を含めて、箱根の火山活動は、一応、収まっている。気象庁は箱根の噴火警戒レベルを二〇一五年一一月に1へ下げた。六月の小噴火「後」に急遽、3に上げていたから、年末までに2段階下げたことになる。しかし、この1はどこにでも行っていいわけではなく、大涌谷や、その近くの遊歩道は立入禁止になっている。

だが噴火警戒レベルを下げたことは、年末年始の観光シーズンを控えて地元の経済を考えた政治的な判断ではなかったかという批判がある。

箱根観光客が激減

箱根の玄関口である箱根湯本の土産店の客が激減しているのがたびたび報じられ、観光で食べている地元では年末年始のかきいれどきに観光客が減るのはなんとしても避けたいという要望が強かったのである。

気象庁がこうして噴火警戒レベルを下げたことは、防災よりも地元経済を優先したとも言われかねない判断だった。本当に下げても大丈夫なのか、そして、いつまで、この収まった状態が続くのかは、学問的には分からない。

前から述べているように、箱根も、富士山と同じく噴火の前にどんな前兆があったのかは知られていない。もちろん、地震のほか、地殻変動の観測も神奈川温泉地学研究所や国土地理院によって行われているが、噴火する前の「閾（しきい）」が分からないことも富士山と同じである。

箱根は観光客が多数集まっていて、噴火したら大きな災害になりかねない活火山である。しかも、箱根から外へ避難する道も、正月の駅伝を行う片側一車線しかない国道一号線など、ごく狭いものが、しかもわずかな数しかない。

箱根には逃げ場がない

そのうえ、宮の下など、箱根には多いT字路で両側から降りてくる車がふだんから混雑するところでは、もし多くの車が箱根から逃げだそうとしたときに大混乱に陥ることは避けられまい。

箱根は、世界でももっとも人が集まっている火山の観光地で、そのわりには逃げ場がごく限られている火山なのである。

第7章　噴火予知は難しい

第1節　約三〇〇年間の異例の休止の長さ

富士山はいま

日本人が見て記録したいままでの歴史で、富士山の三大噴火は延暦の噴火（八〇〇〜八〇二年）と貞観の噴火（八六四〜八六六年）と宝永の噴火（一七〇七年）である。

前に述べたように、三大噴火のうち貞観噴火は富士山の北の山腹から大量の熔岩を噴出させた。そしていまは青木ヶ原の樹海が拡がっている下にある大きな溶岩原を作り、また富士「五湖」を作った。西湖と精進湖はこの噴火で新たに作られたものだ。

いちばん近年の噴火である宝永噴火は富士山の南東山腹から噴火した。つまり大噴火だけを見ても、富士山は「噴火のデパート」、山頂噴火だけではなくて、どこから、どんな噴火をするか分からない火山なのだ。この次の噴火がどんな噴火になるか、予想もつかないのが富士山なのである。

日本人が見ていなかったそれ以前にも、富士山は何度も噴火しているが、地質学的な調査からは小さな噴火は分からないし、噴火した正確な年代も分からない。つまり、日本人が見ていない小さめの噴火は知られていないものが多いかも知れないし、それゆえじつは過去の休止期間の長さは分からない。江戸時代でさえ、小さな噴火は、いままで見つかっている古文書に記載されていない可能性がある。

富士山沈黙の理由は分からない

だが、歴史記録がちゃんと残っている一七〇七年の宝永噴火があって以後は、富士山は噴火していないことは確かなことである。これは、現在まで約三〇〇年間という、日本人が見てきた富士山の噴火歴のなかでも異例の休止の長さである。

学問的には、なぜこのような休止期間が続いているのかは分かっていない。そして、いつ休止が終わるのかももちろん分からない。

前に述べたように万葉集の時代には､富士山は噴火していたり､頂上から噴気が上がっているのが当たり前の火山だった。いまとはまったく違う風景だったのである。

この章では、富士山をはじめ、火山の噴火予知がどこまで進んでいるのか、どんな課題があるのかを見てみよう。

第2節　世界では三〇〇年ぶりに噴火したら大きな噴火に

ため込まれた爆発エネルギー

世界では、長い休止期間ののち、三〇〇年ぶりに噴火したものが大きな噴火だった例は多い。

カリブ海のイギリス領モントセラート島にあるにあるスーフリエール・ヒルズ火山（標高九一五メートル）では、一九九五年に三〇〇年ぶりに噴火した。なお、この火山は同じカリブ海にあるガダルーペ島のスフリエール山とは別の火山である。

この一九九五年の噴火はとても大きな噴火で、イギリスから救助のための軍艦が派遣され、島の人口の三分の二が島外に避難したほどだった。

さらに二年後の一九九七年には、この火山がまた大噴火して火砕流が発生し、二〇人の死者・行方不明者を出した。島の首都プリマスは大量の火山灰や噴石に覆われて、翌年に放棄されてしまった。無人の街になってしまったのである。

また南米チリ中部にあるチャイテン山（標高一一二二メートル）も二〇〇八年に約

三〇〇年ぶりの噴火をした。大噴火だった。この火山はチリの首都サンティアゴから南に約一三〇〇キロ離れた、アンデス山脈にある火山だ。

この噴火では大量の火山灰を噴き上げ、火砕流を発生させた。総噴出量は約四〇億立方メートルにもなった。東京ドーム三〇〇〇杯分以上の大噴火である。噴煙は上空約三〇キロの成層圏まで上がった。火山灰による泥流が発生して、建物にも被害が出た。

最初の噴火で噴煙が高く上がり、溶岩が流れ出したあと、火砕流発生の恐れがあるとして近隣住民一五〇〇人が避難、四日後には避難範囲を拡大してさらに一八〇〇人が避難した。

なお、一回前の噴火は一六四〇年（誤差一八年前後）とされているが、九〇〇〇年ぶりという説もある。九〇〇〇年前の噴火が起きたのは紀元前七四二〇年（誤差七五年前後）といわれ、カルデラを作った大噴火だった。

超大型破局噴火ばかり

そのほか二〇一〇年にはインドネシア・スマトラ島にあるシナブン山（標高二四六〇メートル）が四〇〇年ぶりに噴火した。この噴火も大きな噴火だった。

米国にあるスミソニアン博物館の研究者が世界の大噴火を調べたことがある。それによれば、富士山の宝永噴火よりも大きな噴火は、この二〇〇〇年間に一五回あった。その一五回のうち一一回は、それぞれの火山で史上最大の噴火だったという。つまり、大きな噴火は、いままで起きていなかった規模で起きたことが多いというのだ。

しかし、これはそのまま素直に受けとってはいけない。それは東南アジアや南米は近年は当時の列強が植民地として持っていたもので、噴火や地震の記録は西欧諸国が入ってきてから、主に宣教師が記録していたものだったからだ。「史上初」、「史上最大」というのは「植民地化が始まった大航海時代よりあとでは初」ということなのだ。

つまり、大航海時代より前の噴火については、噴火歴が分かっていないところが多い。大噴火があったのだが、記録に残っていなかっただけという可能性がある。

「史上初」という名に恥じぬ規模

だが、少なくとも数百年は噴火がなかったのちに、彼らが言う「史上初」の大噴火をした火山が多かったことは確かだ。つまり、休みの期間が一〇〇〇年以上と長かったら次の噴火は大きくなりやすいのは事実なのだろう。

そもそも地球の営みのなかでは三〇〇〇年くらいの静穏は、じつは一瞬の休息にすぎない。人間のスケールではしばらくぶりの噴火ではあっても、それまで地下では着々と、次の噴火の準備が進んでいるかも知れないのである。富士山も、いま、この状態にあるのかも知れない。

第3節　中学一年の理科が地球のことを教わる最後

かつて富士山は休火山と言われた

富士山は、これから永久に噴火しないことはあり得ない。地球物理学的にいえば、富士山は「いつ噴火しても不思議ではない状態にある活火山」なのである。

前節で見たように、世界的に見ても長い休止期間のあとの噴火の規模は大きかったことが多かった。これも富士山の次の噴火にとっての不安な要素である。

しかも、富士山がいつ、どんな形式で噴火するのか、それを正確に予知することはいまの科学では不可能なのである。富士山は噴火のデパートだ。そのうちで、どんな様式の噴火が次に起きるかは現在の科学では分からない。

次の富士山の噴火で、噴火口が山頂なのか、東西南北どこかの山腹なのかによって噴火の影響は大幅に違ってしまうし、山体崩壊が起きたり溶岩流が出れば影響はずっと大きくなる。

かつて富士山は「休火山」と言われた。活火山ではないという分類だったのだ。だが前に述べたように一九七九年に死火山だと思われていた御嶽山が予想外の噴火をしてから、それまでは学校でも教えられていた「死火山・休火山・活火山」という分類がなくなった。

どの火山も噴火する可能性がある

ある火山が「死火山」であるかどうか判定することは学問的には不可能である。いままでは死火山と思われていた火山でも、今後、噴火する可能性を否定できないというのが現在の科学のレベルなのだ。かくて、富士山はいま、活火山に分類されていて、噴火警戒レベルも設定されている。

しかし、死火山・休火山・活火山という分類は便利だし直感的な分類なので、いまだに多くの日本人の頭に刷り込まれてしまっている。その後の学問の結果による「更新」が出来ていないのである。

これには大学入試に必要がないという理由で、高校以下で地学を教えることが激減していることが関係している。地震国・火山国である日本で、地球やプレートについての学問や地震や火山についての知識を身につけておくことはとても大切なのだが、実情はそうではないのである。

かつては各地の高校に地学の名物教師と言われる先生がいて、その教え子たちが地球科学の研究者になった。またもちろん、一般の生徒にも地学の知識を教え込んだ。長野県・諏訪清陵高校や東京・立川高校や札幌・南高校などの名物教師がよく知られている。

地震火山大国なのに地学を教えない

しかし、現在、高校で地学を教えているところは、たった数%にすぎない。地学の先生が全国的に激減してしまった。このため、研究者の養成だけではなく、一般の人たちへの地学教育も、一昔前よりはずっと貧弱になってしまっているのである。

多くの人にとっては中学一年生の理科が地球のことを教わる最後なのだ。つまり日本人は、地球の成り立ちや仕組み、そして噴火や地震への予備知識がないまま大人になっているのである。

もちろん、最近の研究の成果や最新の知識も知らない。地震も火山も、学問は日進月歩しているから、新しい知識を知っていることは、地震も火山も多い日本で、しかも将来の災害に備えるためにも必要なのである。

第4節　成功した有珠山の噴火予知

噴火予知の最前線

噴火予知が、科学としてどこまで進んでいるのかを見てみよう。

世界各地の火山で噴火予知に成功したことがないわけではない。たとえば北海道・室蘭の近くにある有珠山（標高七三三メートル）では、いちばん最近の噴火である二〇〇〇年の噴火のときには、事前に住民を避難させて死傷者はゼロだった。噴火予知に成功したのである。

しかし、有珠山の噴火予知は、じつは噴火予知としては例外的に幸運な例だった。それは有感地震による「経験的な」予知がこの火山では可能だったからだ。

有珠山は三五〇年前から噴火の記録があり、その間に七回噴火したことが知られている。そして、そのすべてで、火山の近くで有感地震が起きてから一〜三日で噴火したのだ。

二〇〇〇年の噴火のときもそうだった（図⑯）。噴火の四日前の午後から有珠山の地下で起きる火山性地震が徐々に増加していった。これらは地震計にしか感じない小さな地震だった。

図⑯：有珠火山の2000年の噴火。噴火口近くの民家の被害＝島村英紀撮影

そして噴火の三日前に最初の有感地震が発生した。

翌三月二九日には有珠山の「ホームドクター」である地元の大学、北海道大学地震火山研究観測センターの岡田弘博士の意を受けて気象庁から緊急火山情報が出された。当時はまだ噴火警戒レベルというものがなかった。

この緊急火山情報を受けて有珠山の周辺にある壮瞥町、虻田町（現在は隣の洞爺湖村と統合して洞爺湖町）、伊達市の周辺三市町では危険地域に住む一万人あまりの避難を実施した。

避難の二日後に噴火！

そして三月三一日の昼過ぎに有珠山の

西山の西麓から最初の噴火が起きた。御嶽山の二〇一四年の水蒸気爆発より一ステージ上がった噴火であるマグマ水蒸気爆発だった。噴火したのは避難の二日後であった。

噴火は火口周辺に噴石を放出し、噴煙は高さ三五〇〇メートルにまで達した。風下だった有珠山の北東側で降灰が続いた。

この日の噴火の噴出物量は二四万トンだった。火山噴火としては小規模なマグマ水蒸気爆発だったが、山腹に温泉町があり多くの人々が住む有珠山では、もし人々が避難していなかったら惨事になっただろう。

ついで四月一日、今度は有珠山の西側にあって温泉街に近い金比羅(こんぴら)山の北西麓から噴火が始まった。こうして四月中旬まで小規模な水蒸気噴火を繰り返して、西山西麓と金比羅山周辺に計六五個という多数の火口が作られた。

西山西麓ではマグマが下から押し上げてきて大きな地殻変動が起きたために、近くにあった鉄筋コンクリートのアパートが変型して住めなくなった。しかし住民はすでに避難していたために死傷者は出なかった。

第5節　例外的な好条件に恵まれた有珠山の予知

世界でも稀有な例

有珠山での二〇〇〇年の噴火では直前予知に成功し、一人の人命も失われなかった。これは世界の火山では例外的な、いくつかの好条件に恵まれたためだ。

有利だったことは、有珠山には三五〇年前から七回の噴火の記録があったことだ。噴火を繰り返してきた周期が短く、そしてその間隔も比較的一定だった。そして、噴火の前に必ず地震が起きていたことが直前予知に成功した要因である。

噴火の間隔が比較的一定であることは、ほかの多くの火山では一般的ではない。もっと不等間隔の噴火が多い。たとえば東京都・三宅島はこの五〇〇年間、一七～六九年というまちまちな間隔で一三回の噴火を繰り返してきたが、二〇〇〇年の大規模な噴火は、それまでの噴火とは違って噴火が一〇年以上ずっと続いていて、一六年後のいまになっても、いまだに帰島できない人々がいる状態が続いている。

予知が簡単だったわけではない

しかし、有珠山でも、いつも同じような噴火が繰り返されているわけではない。二〇〇〇～二〇〇一年の噴火は山腹噴火で小規模なマグマ水蒸気噴火、その一回前の一九七七～一九七八年の噴火は中規模なマグマ噴火、二回前の一九四三～一九四五年はマグマ噴火、三回前の一九一〇年は中規模な水蒸気噴火と、噴火の様式やその規模は一回ごとに違っている。

もっと前の一八二二年の大規模な噴火は山頂噴火で、火砕流が出て約一〇〇人が犠牲になった。それでも噴火の前に地震があるという「前兆」はどの噴火にもあった。

有珠山には限らないが、噴火が始まってからの火山活動の推移の予測はとても難しい。二〇〇〇年の有珠山の噴火でも、火山学者のあいだでは、もっと大きな噴火が起きるのではないかという予測が多かった。

この「予測」は、起きたのが事前の予想よりも小さい小規模な噴火だったためだった。だが実際には最初の噴火以上の噴火は起きなかった。

また、いつ噴火が終わるかを学問的に予測することも一般的には難しい。この有珠山の噴火でもやはり不可能だった。

「ホームドクター」の努力と功績

有珠山以外にも経験的な噴火予知に成功した火山がある。桜島や浅間山など一握りの火山も、近年のすべての噴火ではないが、地震や地殻変動によって噴火予知に成功したことがある。これらの火山では研究者が張り付いて長年の観測を積み重ねてきている中で、何度も噴火した経験があるからだ。

他方、噴火が三〇〇年間以上もない富士山では「経験」が皆無なのである。噴火の前に何が起きたかの記録が、宝永地震後に古文書に書かれている地震や地鳴り以外はまったく残っていないからである。箱根は噴火していない期間がもっと長く、「経験」がないという事情は同じである。

第6節　現在の学問では噴火の予知はほとんど不可能

噴火の予知法則は世界でも例がない

現在の学問では噴火の一般的な予知はほとんど不可能だと言わざるをえない。たとえば、数年前から何かの前兆が出て、数週間前にも別の前兆が出て……といった系統立てて前兆が見つかって噴火に至った例は、世界中で、どこにもない。

噴火予知は、出来た例でもせいぜい一日から数日前で、有珠山の場合にも三～四日前だった。

それは噴火予知にとって肝心な、地下で何が起きているのかが時々刻々には分かっていないし、マグマがどう動いて、どう噴火に至るのかというそれぞれの段階での学問的な解明がまだ出来ていないからなのである。

有珠山の噴火予知の「成功」も、地下のマグマの動きが分かって予知をしたわけではない。たんに「噴火の前には地震が起きた」という経験だけからの予知なのである。

有珠山以外でも、いくつかの前兆が噴火の前にあったことは少なくない。しかし、その前兆、たとえば火山性地震の増加が、ほかの火山では前兆にはならなかったり、またほかの火山では別の前兆しかなかったりした例がほとんどなのである。

いまのところは、火山ごとに性質が違うので、噴火の予知が出来るとしても「その火山の経験」だけが頼りなのである。しかし次節以下に述べるように、どんな「前兆」がいつ出たかということで噴火を予知することは一般的にはとても難しい。

あとに述べる御嶽山の例のように、「その火山の経験」さえ、噴火ごとに違うこともあるのだ。有珠山でも、またほかの火山でも、噴火のたびに過去の噴火とは違う前兆や噴火の様式があったことは世界の火山でも多い。

つまり、現在の噴火予知は、有珠山で成功したような「経験的な予知」だけが頼りで、それも、次回の噴火のときにも過去の噴火と同じ前兆が出るときにだけ可能なのである。

第7節　噴火予知の優等生・桜島でも「失敗」

やはり経験がものをいう

噴火予知では優等生だと思われてきた火山は桜島と浅間山である。これらの火山では、いずれも火山周辺に各種の火山地球物理学観測が高密度で展開されていて、ホームドクターのような大学の研究者が現地に張り付いていて経験を蓄積してきているところだ。桜島では京都大学防災研究所、浅間山では東京大学地震研究所の研究者である。

富士山と違って、噴火の経験の蓄積も多い。たとえば浅間山は観測機器による観測が始まってから五〇回以上の噴火があったし、桜島は最近数年間は年間に数百回から千回を超える噴火があった。ともに、噴火の前に何が起きるのかの研究の蓄積も多い（図⑰）。

しかし、その「優等生」、桜島でさえも、二〇一五年に手痛い失敗をすることになった。

図⑰：地元の人は慣れている桜島の爆発的な噴火。桜島にある東桜島小学校で＝島村英紀撮影

気象庁は緊急会見を開いたが……

はじまりは気象庁で開かれた緊急の記者会見だった。八月一五日。気象庁は記者会見を開いて桜島の「噴火警戒レベル4の特別警報」を発表した。桜島ではレベル4への引き上げは初めてだった。

朝一〇時半からの記者会見だった。三時間前からの急変を受けての記者会見だった。横に桜島の京大観測所に長かった火山噴火予知連の副会長を従えて発表する気象庁の火山課長の顔は引きつっていた。「朝七時頃から地震が多発、山体膨張を示す急激な地殻変動が観測されて、その変化は一段と大きくなっている。規模の大きな噴火が発生する可能性が非常に高くなっている」という発表だった。

つまり、いままでの年間数百回以上の爆発的噴火の前と比べてはるかに大きな「前兆の異常」があったというのである。

レベル4は「避難準備」で「居住地域に重大な被害を及ぼす噴火」の可能性が高まっている場合に出される。これを受けて地元では住民の避難を開始。三地区に住む五一世帯七七人が、とるものもとりあえず自宅を離れて避難所に収容された。

だが、噴火は起きなかったのだ。

警戒レベルの発表から半月後の九月一日、警戒レベルは再び3に引き下げられ、住民たちは家に帰ることが許された。

噴火が消えた？

不思議なことに、この「前兆」以後、いままで年間に数百回以上あった爆発的噴火はなくなってしまったのである。再び、いままでのような「よくある」爆発的噴火が起きたのは半年後の二〇一六年二月になってからであった。

地元に張り付いてきている京大の火山学者にとっても、二〇一五年八月の「異変」は三五年間の観測で初めてのものだったという。たとえ「三五年間の観測経験」があったとしても役にたたない。地球や火山の歴史に比べれば、三五年はあまりに短いものなのだ。今回は、結果的には幸いな「空振り」だった。噴火しなくてよかった。だが一方で、経験が豊富な桜島でさえ、今後の噴火の予知は怪しくなってしまったのである。

それだけではない。いままでの経験が将来の「大噴火」や「カルデラ噴火」などに通用するものかどうかが分からないことが一層明らかになってしまったのである。

第8節　「前兆」があったのに噴火しなかった火山は多い

火山はフェイントの天才

始末の悪いことには、いまにも噴火しそうな「前兆」があったのに噴火しなかった火山が多いことだ。もちろん災害の面から言えば噴火しなかったことはよかったことだ。

だが火山学からは、前兆があっても噴火しなかったのは、火山の中でなにが起きたのか分かっていない現状では困ることなのである。

たとえば岩手県にある岩手山（標高二〇三八メートル）は有珠山なみ、あるいはそれ以上の「前兆」があったのに噴火しなかった。

岩手山は盛岡市の北西二〇キロほどにある。いままで少なくとも七回の大規模な山体崩壊が発生したことが分かっている。この七回という山体崩壊の回数は、国内の活火山の中でももっとも多い。つまり、岩手山は恐ろしい火山なのである。

岩手山では一九九七年から二〇〇四年にかけて、いまにも噴火しそうな「前兆」がたくさん観測されたが、結局噴火には至らなかった。火山性地震、地殻変動、噴気活動などだ。

この多くの「前兆」を受けて大学などが臨時観測を展開していたが、結局、噴火しないまま、これらの「前兆」は収まってしまった。「噴火予知」は成功しなかったのである。

一九世紀日本最大の爆発

また福島県・磐梯山（標高一八一九メートル）では二〇〇〇年に火山性地震が急増して一日四〇〇〇回を超えた。四〇年前にここに地震計が置かれて以来、もっとも多い地震だった。

やがて山頂直下で起きる低周波地震や火山性微動もたびたび観測されるようになった。火山性微動は地震計に捉えられる連続的に続く振動で、地下のマグマの動きと直接関連

図⑱：磐梯山。大規模な山体崩壊の跡が残っている＝島村英紀撮影

するものだと思われている。これらも四〇年来初めてのことだった。いつ噴火しても不思議ではなかった。

磐梯山の直近の噴火は一八八八年に起きた。これは一九世紀では日本最大のすさまじい噴火だった（図⑱）。この噴火では、東京ドーム二五〇杯分以上の量の岩石や火山灰が噴出した。このため五〇〇人近い犠牲者を生み、湖底に沈んでしまった民家も多かった。噴火は森や川を埋め尽くした。また堰き止められた河川や泥流の窪地に、五色沼など、大小三〇〇余の裏磐梯の湖沼群が生まれた。

しかし、二〇〇〇年に起きた「前

兆」では磐梯山も噴火しなかったのである。地元はもちろん、過去の恐ろしい大噴火の再来を考えていたのだろう。しかし幸いにして、地震活動もしだいに収まってしまった。登山禁止も解除された。

前兆は信頼できる指標になるのか

一九九七年から二〇〇四年にかけての岩手山も二〇〇〇年の磐梯山も、いつ噴火しても不思議ではなかった。ほかの火山ではこの程度の「前兆」で噴火した例はいくらでもあった。しかし、この二つの火山は噴火しなかったのだ。

火山噴火の予知は一筋縄ではいかない。岩手山や磐梯山に限らず、噴火しても不思議ではなく、またほかの火山ではとっくに噴火したような「前兆」があっても噴火しないことがよくあるのだ。

そのほか、「前兆」らしきものがあっての「空振り」ではなく、噴火することが事前に分からなかった「見逃し」も少なくない。つまり前兆なしに、いきなり噴火する例である。次節で述べる御嶽山はそのひとつの例だ。

第9節　二〇一四年の御嶽山　噴火予知の失敗の顛末

御嶽山噴火の前兆は一一分前

二〇一四年の御嶽山噴火も噴火予知には失敗して、戦後最大の火山災害になってしまった。この噴火では、確かな前兆と言える現象はほとんどなかった。

「確かとは言えない」前兆はあった。御嶽山は二〇一四年の噴火の約二週間前に火山性地震が一時的に増えたものの、その後おさまってしまっていた。

その前二〇〇七年に起きていた前例が、じつは、この二〇一四年の噴火予知の失敗に影を落としていた。

二〇〇七年三月にごく小規模な噴火が御嶽山で起きたが、雪山だったこともあって登山客はなく、被害はなかった。この噴火は二〇一四年の噴火よりも小規模な噴火だったにもかかわらず、約四ヶ月前から火山性地震や山体膨張が観測され、噴火の約二ヶ月前から低周波地震や火山性微動が観測されていた。つまり、地下でのマグマの動きと関連すると思われているいろいろな信号が、噴火のかなり前から出ていたのだ。

これに対して二〇一四年の噴火では、火山性微動が観測されたのは、噴火のわずか一一分前だった。

御嶽山に騙された

つまり二〇〇七年なみのごく小規模な噴火でさえ、かなり前からいろいろな前兆が観測されていたのに、二〇一四年の場合には、一時的に増えた火山性地震が減ってしまったうえに、山体膨張も低周波地震や火山性微動もまだ観測されていなかった。それゆえ「噴火警戒レベル」は1のままだった。つまり、ノーマークだったのである。

しかし、それでも噴火してしまった。火山性微動の観測は、あまりに直前で間に合わなかった。しかも噴火の規模は二〇〇七年のときよりもずっと大きいものだった。結果的には御嶽山に「騙された」ことになる。

前に述べたように、「死火山」だとされていた御嶽山が一九七九年にいきなり噴火したことがある。気象庁や火山学者が御嶽山に「騙された」のは二度目なのだ。

このように、同じ火山でも噴火するたびに「前兆」が違うことも多い。火山ごとに前兆が違い、同じ火山でも前の経験があてにならないこともあるのが噴火予知の厄介なところなのである。

第10節　噴火予知や地震予知は天気予報とは根本的に違う

ところで噴火予知も東海地震の予知も気象庁が担当している。気象庁は天気予報もしている役所だから、同じ「予知」ならば同じように可能だと考えてしまう人も多いかもしれない。

天気が予報できる理由

しかし、噴火予知や地震予知は天気予報とは根本的に違うことがある。

それは天気予報は「大気の運動方程式」というものがすでに分かっていることだ。その方程式に観測データ、たとえば全国に一三〇〇地点以上もあるアメダスの観測データやゾンデ（気象観測用の気球）による上空の観測データを入れれば、「未来」が計算できる。

しかし、これと違って噴火予知にも地震予知にも、肝心の方程式はまだ分かっていないのである。

そのうえデータも足りない。地表が柔らかい堆積層や柔らかい火山灰に覆われているので、地震や噴火に関係する地下深くにある基盤岩や、火山の内部といった深部の岩の中で、どのような歪みやマグマが蓄積されていっているか、といったデータはいまだに取れない。これでは天気予報なみの地震予知や噴火予知は出来るはずがないのである。

地震と火山はまだ不可能

このように予知は科学的にはいまだ不可能なのに、「予知」を冠した「地震予知連絡会」とか「火山噴火予知連絡会」という組織がある。前者は事務局を国土交通省国土地理院に置いて一九六九年から動いているし、後者は事務局を気象庁に置いて一九七四年から動いている。

地震では阪神淡路大震災（一九九五年）も東日本大震災（二〇一一年）も予知には失敗したし、火山噴火では御嶽山の噴火（二〇一四年）に失敗して、ともに、「予知が出来るかのような」名前をやめたらどうか、という議論があった。

このため、たとえば地震予知連絡会は内部でも廃止するかどうかの議論が行われた。だが、結局は存続することになった。事務局の意向が強かったのであろう。

国土地理院や気象庁のようなお役所が「先輩の役人が苦労してせっかく入手した」既得権益や縄張りのために、外部からの批判にもかかわらず、現在までも組織は続いているのだ。

第11節　火山研究に本腰を入れだした政府

火山研究の新しい手法は期待できるか

御嶽の噴火で大きな被害を生んだし、日本各地の火山が活動を繰り返している中で、政府は噴火予知体制の整備や、火山学の予算増加や火山研究者の増加を謳いだした。二〇一五年八月の新聞報道によれば、文部科学省は一〇億円の概算要求を計上したほか、五年計画で研究者の数を倍増させるという。

この概算要求には、あとで述べるような火山研究の新しい手法への投資が多く含まれている。たとえばミュー粒子を使った火山の透視や、小型無人機ドローンを使った調査などだ。これら新しい手法は、観測に新しい窓を開く可能性がある。

しかし他方、研究者の養成は簡単なことではない。じつは火山の研究者の数は全国で二〇～三〇人と、一般の人が驚くほど少ない。この人数は、大学など噴火に取り組む火山物理学の研究に従事して、活発に研究を進めていて論文も書いている研究者の数だ。

なお、研究者の数については数え方によっていろいろ違い、地震研究と兼ねている研究者などを入れれば八〇人という別の統計もある。しかしいずれにせよ、活火山だけでも一一〇もある火山国日本としては少ないことは確かだ。

火山学者は絶滅危惧種

火山学には火山物理学のほか、火山化学や火山地質学など、ほかの分野もある。だが、全部合わせても研究者の数は、上記のように、ごく少ない。

そして、それぞれの分野ごとに、人数が限られている理由がある。たとえば、火山物理学の研究者から見れば、ふだんの火山で起きている地震活動や山体膨張や内部の透視は出来る。しかし火山が噴火しない限りは、研究の材料の多くは入手できないのである。

戦後日本最大の火山災害だった雲仙普賢岳の「ホームドクター」だった太田一也教授（九州大学）は、「自分が研究してきた火山が『やっと、噴火した』と思った」と、研究者として抱いた率直な胸の内を語ったことがある。不謹慎な言い方かもしれない。しかし、研究者としては本心なのである。

語ったのは二〇一四年、雲仙普賢岳の噴火よりもずっとあとのことだった。なお、氏は一九六七年に九州大学の助手として同県島原市の「島原火山温泉研究所」（現・観測所）に赴任したが、噴火しない火山に満足できず、桜島や阿蘇山の観測にも参加したことがある。

このように、火山は研究者が待っているうちに噴火するとは限らない。また噴火したとしても数十年に一度では、研究のためのデータがあまりに少なすぎるのだ。
また活火山が一一〇もあるので、そのすべてに網を張るわけにはいかない。一人の研究者がカバーできるのはせいぜい一つか二つの火山なのである。

火山化学と火山物理学の違い

火山化学は火山ガスや噴気や地下水を調べる学問だ。これにも、ふだんの火山活動は調査できても、火山物理学と同じく、噴火しないと火山活動のデータが入手できない制約がある。そのうえ、箱根の大涌谷のように定常的に噴気がある火山と違って、富士山のように噴気もない火山では、研究材料そのものが得られない。

他方、火山化学は火山物理学とは異なる。たとえば火山物理学のひとつである地震観測は、たとえ火山の深部など、地震計から遠くで地震が起きても、データは入手できる。つまり火山の全貌が監視できるのである。火山化学はサンプルを取った地点のことだけしか分からない。それが火山全体を代表しているかどうかには、いつも疑問がつきまとうのである。

一方、火山地質学は、過去の噴火を調べる学問で、掘って過去の噴火歴を調べることも出来る。歴史資料よりもずっと古い時代からの火山の活動歴が分かる。それゆえ研究材料は火山物理学などよりも豊富にある。

だが火山地質学はこれから起きる噴火については無力である。その火山についての知識を蓄積することは、もちろん重要なことだ。しかし、ある火山がこれから噴火するかどうか、噴火の前には何が起きるのかには無力なのだ。これから活動する火山に直接取り組めるわけではないので「地味な」学問なのだ。

また、前に述べたように、地質学的な証拠が残っている、ある程度以上大きな噴火だけしか分からない。

研究に将来性はあるか

このように、火山を研究する学問のそれぞれの分野には、それぞれの制約や問題がある。このため、これから火山の研究を志す若い大学院生にとっては、研究としての発展性が大きいかどうかに疑問符が付くことが多い。

そのほか前に述べたように、大学に入る前の教育で、地球に起きる地震や火山に興味を持つ生徒が減っている問題もある。

前に述べたように気象庁の火山研究のレベルは低い。これも予算を増やしたからといって、研究レベルの高い職員、たとえば大学院で火山学を修めた職員をすぐに倍増することは不可能である。

そして、この少ない研究者の人数は、政府の予算が増えたからといって、急に数が増えるものではない。「研究者の数を倍増する」という政府のかけ声通りにいくかどうかは、分からないのである。

第12節　将来の噴火に備えるには

火山の噴火予知は、地震予知よりは少しはましかもしれない。なんの予告もなしにいきなり襲って来る地震にくらべれば、噴火には何かの前兆があることが多いからである。しかし、いままで述べてきたように、たとえ「前兆」があっても噴火しない岩手山や磐梯山のような例もあるし、あまりに小さな「前兆」を見逃してしまった二〇一四年の御嶽山噴火のような例もある。つまり、確実に、これからどういった規模の噴火が起きるのかを予知することは出来ない。

富士山も例外ではない。ふだんは秀麗な山だが、活火山であることは確かなことだし、大きな噴火があれば、地元はもちろん、一二〇キロも離れた首都圏まで大きな影響を及ぼすことは、この本で述べてきた。

前に書いたように、一七〇七年に起きた宝永噴火は、いきなり大噴火で始まった。小さな噴火から始まって、しだいに大きくなっていったものではない。

また前に述べたように、噴火ではなくても、大地震で山体崩壊を起こしたこともある。美しい姿と裏腹に、崩れやすい、つかの間の安定を保っているのが富士山なのである。

だが、個々の火山が、いずれは噴火するかも知れない、噴火したらどんなことになるのかを、ふだんから考えておくことは重要なことだ。地震もそうだが、いきなり襲われてあわてふためくのを避けるために、「そのとき」に何をすべきか、考えておくことは災害を小さくするために必要なことである。

政府あるいは行政として、富士山の観測を強化すべきなのはもちろんである。いまの観測体制は、もし噴火したら及ぼす影響に比べると、あまりに貧弱である。

そして、個々人としては、いまいる場所に影響を及ぼす火山が噴火したときになにが起きるのかを正確に知っておくことが、なによりも必要である。火山灰、噴石、溶岩流、山体崩壊。それぞれが起きるかも知れない。

「起きたらどうなるか」をふだんから考えて、近くの地形を頭に入れておいたり、たとえば家族や職場や学校で話をしておくことは大事なことであろう。首都圏もけして安全圏ではない。

第8章　破局噴火・そして原子力発電所を持つ「無謀」

第1節　「大噴火」よりもさらに四〇〇倍以上も大きな噴火

カルデラ噴火の悪夢

東京ドーム約二五〇杯分の火山噴出物が出た「大噴火」よりもさらに四〇〇倍以上も大きな噴火がある。それが「カルデラ噴火」という噴火だ。

大規模な「カルデラ噴火」は日本では過去一〇万年間に一二回起きたことが知られている。つまり数千年に一度ずつ繰り返されてきたのである。

「カルデラ」は元々はポルトガル語で「大きな鍋（なべ）」のことである。火山学ではカルデラは火山を中心にした大きな凹地のことで、これは地下から大量のマグマが出てきた結果、地下に空洞が出来て、その空洞が陥没することによって地表が大きく凹んで出来たものなのである。阿蘇山に見られる直径二〇キロもある巨大なカルデラが有名だ。

なお、伊豆大島や三宅島の火山にあるカルデラは地形的には似ているが、はるかに小さなカルデラで、ここでいう「カルデラ噴火」で出来たカルデラよりもずっと小さい別のものだ。

鬼界カルデラの超爆発

カルデラ噴火のうち、日本ではいちばん近年のものが七三〇〇年前に九州南方で起きた「鬼界カルデラ噴火」だった。

このときの噴火で放出されたマグマは東京ドーム一〇万杯分にもなった。つまり、前に述べた「大噴火」よりもさらに四〇〇倍以上も大きな噴火だった。VEIでは7に相当する。

九州・薩摩半島の南方五〇キロのところにある薩摩硫黄島は、このカルデラの北の縁に作られた火山島だ。いま、このカルデラはほとんどが海底にある。カルデラの大きさは北西・南東に約二五キロ、北東・南西に約一五キロと大きなものだ。

このカルデラ噴火で大量に出た火山灰は関西でも二〇センチ、関東地方でも一〇センチ積もった。

この鬼界カルデラの噴火で多くの人々が死に、九州と西日本にあった文明がなくなってしまった。縄文初期の遺跡や遺物が東北以北だけに集中しているのはこのカルデラ噴火の結果だと考えられている。つまり、九州を中心に西日本で先史時代から縄文初期の文明が断絶してしまったのだ。

この噴火後、一〇〇〇年近くの間、この広い地域が無人になったと考えられている。火山灰の地層の上と下から発見されている土器は、この空白期間を反映して、まったく違うものになっている。

第2節　世界中に影響したカルデラ噴火

島が消し飛ぶほどの噴火

鬼界カルデラ噴火だけではない。インドネシアのクラカタウ火山は一八八三年に起きたカルデラ噴火は海面近くで大噴火したので大津波が発生し、地元での死者は三万六〇〇〇人にも達した。噴火は火山島が吹き飛んでしまったほどのすさまじいものだった。この津波による死者数はスマトラ沖地震(二〇〇四年。モーメントマグニチュード9・3)までは史上最多の人数だった。

このときの噴火の影響はインドネシアにはとどまらず、世界の気候が変わってしまった。舞い上がった火山灰は世界の気候を変え、地球に降り注ぐ太陽熱を遮って北半球全体の平均気温が〇・五〜〇・八℃ほど下がった。そのため、その後何年にもわたって世界的な冷害を招き、農作物の不作をひき起こした。

ノルウェーの有名な画家ムンクの「叫び」の絵も、この一八八三年に起きたクラカタウ噴火による世界的な気候変動で起きた異様な色の夕焼けを描いたのでは、という学説がある。

文明が滅亡する

世界ではカルデラ噴火で断絶した文明はいくつかあった。

クラカタウ火山は、この前、五三五年にもカルデラ噴火を起こした。この噴火も、鬼界カルデラ噴火が当時の日本の文明の断絶を起こしたように、インドネシアの文明に断絶を引き起こした。

当時五〜六世紀のジャワ島西部にはカラタンと呼ばれた高度の文明が栄えていたと言われているが、この噴火で姿を消してしまったのである。

さらに、この五三五年の大噴火の影響はインドネシアにとどまらなかったのだ。

この後、世界史上の大事件が続いて起きた。これは噴火による世界的な気候変動を発端として起きたのではないかという説が強い。この大噴火のために、世界的な日照不足や冷害が引き起こされた。このため飢饉や疫病の発生などが地球規模で起きた。たとえば、急激な寒冷化で、樹木がほとんど生長できなかったことが世界各地で調べた年輪幅が極端に狭まっていることから分かっている。

この噴火が引き起こした大事件は、東ローマ帝国の衰退が起きたこと、ネズミが媒介するペストが東ローマ帝国などで蔓延して数十万人が死んだこと、中央アメリカでマヤ文明が崩壊したことなどだ。これらは、いずれも日照時間の不足による冷害や不作の影響だったと思われている。

そのほか、イスラム教が誕生したことや、少なくとも四つの新しい地中海国家が誕生したことも、このカルデラ噴火の影響ではないかという説もある。つまり人類の文明の大事件が、いずれもこの噴火とそれによる世界的な気候変動で引き起こされたと言われるようになった。

これらのことは、たとえばサイモン・ウィンチェスター著、柴田裕之訳『クラカトアの大噴火——世界の歴史を動かした火山』(早川書房、二〇〇四年)や石弘之『歴史を変えた火山噴火——自然災害の環境史』(刀水書房、二〇一二年)に詳しい。なお、これらの本はいずれも、英国の作家デイビッド・キーズの『西暦535年の大噴火』(邦訳は畔上司訳、文藝春秋、二〇〇〇年）を下敷きにしている。

インドネシアの灰がグリーンランドまで届く

この五三五年の気候の世界的異変は世界各地の歴史文書から明らかになっていた。また、グリーンランド南部のボーリングで二〇〇〇メートルの深さの氷床コアの五三三〜五三四（誤差二年前後）年の層から、硫酸イオンや火山灰などの噴出物が見つかっている。その後、南極の氷床コアからも見つかった。しかし、その原因は長らく不明だった。それが、じつはクラカタウ火山のカルデラ噴火だと推測されるようになったのは、この十数年のことなのである。

火山の大規模な噴火は世界史さえも変えてしまうのである。

第3節　東京ドーム五〇万杯分の噴出物

鹿児島湾を作った巨大噴火

日本では、鬼界カルデラの噴火の前には、約二万九〇〇〇〜二万六〇〇〇年前に始良（あいら）カルデラ噴火が起きたことが分かっている。ＶＥＩでは７に相当する規模の噴火だった。

この姶良カルデラ噴火は、いま鹿児島湾になっている大きなカルデラを作った。直径は約二〇キロある。

もっと前のカルデラ噴火で、よく知られているものに約九万年前に起きた阿蘇山のカルデラ噴火がある。これは、知られている日本のカルデラ噴火としては最大級のものだった。これもＶＥＩでは７に相当する。

なお、ＶＥＩが７の噴火は世界全体では一万年に数回の割合で起きてきている。ちなみにクラカタウ火山の一八八三年の噴火はＶＥＩ６だった。

阿蘇の火砕流が中国地方まで届いた

この阿蘇山のカルデラ噴火では火砕流が九州北部はもちろん、瀬戸内海を越えて中国地方まで達した。距離にして一〇〇キロを超えた。

火砕流は高温のガスや周囲の空気を取り込むために、その密度は一以下とごく軽いことが多い。このため、この阿蘇山の噴火のときのように海上を流れて海を越えてしまうのである。

阿蘇には限らない。鬼界カルデラ噴火のときも火砕流が海を渡って、五〇キロ以上離れた九州の薩摩半島や大隅半島に達していたことが分かっている。

火砕流は時速にして一〇〇キロをはるかに超えるほどの速さなので、とても逃げ切れない恐ろしいものだ。

火砕流はカルデラ噴火ではない、もっと小規模の噴火でも出て大きな被害を生んだことが多い。前に述べたように、二〇一四年の御嶽山の噴火までは戦後最大だった雲仙普賢岳の犠牲者も、火砕流によるものだった。

阿蘇カルデラの内部に五万人が暮らす

阿蘇山でのカルデラ噴火はこれだけではない。三〇万年前〜九万年前の過去四回、阿蘇でカルデラ噴火が起きたことが知られている。その中でもこの九万年前のカルデラ噴火の範囲は過去に知られている日本の噴火では最大のものだった。

この阿蘇のカルデラ噴火の結果、日本第二位の大きさを持つ阿蘇カルデラが作られた。東西一八キロ、南北二五キロ、カルデラ壁の高さは三〇〇〜七〇〇メートルほどある巨大なものだ。

カルデラの周囲には広大な火砕流台地が発達している。九万年前の阿蘇カルデラ噴火での噴出物は東京ドーム五〇万杯分（六〇〇立方キロ）で、ほぼ富士山の山体全部の大きさにも匹敵するほどの大きな体積だった。鬼界カルデラ噴火の五倍以上にもなった。

いま、この阿蘇カルデラの内部には五万人の人々が暮らし、二本の鉄道が通り、生活と生産の場になっている。

二〇一六年四月に二回、震度7を記録して大きな被害を生んだ熊本の地震も、この阿蘇がかつて噴火したときの火山灰地のせいで、震度が大きくなって、被害が大きかったのではないかと考えられている。阿蘇山の外側にも、広く火山の噴出物が吐き出されて溜まっているのである。

第4節　阿蘇カルデラ噴火のときの火山灰は北海道まで

火山灰には「指紋」がある

グリーンランドの氷河の下で浅間山の火山灰が見つかったことがある。火山灰には「指紋」のような特徴があり、どこの火山のいつの噴火から来たものかが分かる。日本各地で積もっている火山灰の解析からも、どこの火山のいつの噴火から来た火山灰かが分かっている。

この阿蘇カルデラ噴火のときの火山灰は北海道までの日本全国を覆ったことが分かっている。北海道東部でさえ一〇センチ以上も積もった。

ちなみに、遠くまで飛んで降り積もった火山灰は遺跡調査の年代決定に重宝されている。それは、歴史的にはきわめて短い時間のうちに広い範囲を覆ったから、極めて正確に年代の同定が出来るからである。前に述べた炭素14による年代決定よりは、ずっと精度が高い。

日本どこでもカルデラ噴火の可能性

いままで書いてきた鬼界カルデラ、姶良カルデラ、阿蘇カルデラはいずれも九州で起きたものだが、カルデラ噴火がいままで起きたのは九州だけではない。

北海道の道東にある屈斜路（くっしゃろ）カルデラも、道南にある有珠山の近くの支笏（しこつ）カルデラも大規模なカルデラである。屈斜路カルデラが作られたのは約三万五〇〇〇～四万年前、支笏カルデラが作られたのは約四万二〇〇〇～四万四〇〇〇年前である。

噴火の結果出来たカルデラとしての大きさでは日本最大のカルデラは、北海道の屈斜路カルデラである。東西が二六キロ、南北が二〇キロに達する。二位が阿蘇カルデラ、三位は姶良カルデラである。

第5節　次のカルデラ噴火がいつ、どこに起きるかは分からない

カルデラ噴火はメカニズムが違う?

かつてカルデラ噴火が起きた場所は九州と北海道が多く、伯耆大山や北朝鮮と中国の国境にある白頭山で起きたこともある。いままでは富士山や箱根で起きたことはないが、将来、起きないとは限らない。

今後、富士山やその周辺でカルデラ噴火のような破局的な噴火が起きるかどうかは、学問的にはまったく分からない。カルデラ噴火がどういう場所で起きてきたのか、また、起きる前にどんな「準備」が進んでいくのか、まだ地球物理学では分からないからである。最近の研究では、カルデラ噴火は普通の火山噴火とは噴火に至るメカニズムが違う可能性が指摘されている。

どの火山の地下にも噴火を引き起こすマグマ溜りがある。このマグマがマグマ溜まりから出てくるのが普通の噴火である。しかしカルデラ噴火は違うのではないかと、巽好幸博士(神戸大学)による最近の研究では考えられはじめた。

前に述べたようにマグマは周囲の岩よりも軽いために浮力が生じる。カルデラ噴火を

起こすマグマ溜りでは、大量に溜まったマグマによって大きな浮力が生まれ、それがマグマ溜りの天井部分に大きな亀裂を作ってマグマ溜まりが壊れる。これによって大噴火が起きる。それがカルデラ噴火になるというのである。

だが、前兆については、まったく分かっていない。過去にあったカルデラ噴火は、どれも日本人が見て記録を残すより前の事件だっただけに、噴火のありさまはもとより、どんな前兆が、いつごろからあったかは知られていない。世界のほかの火山でも同じだ。もっと小規模の噴火ならいざ知らず、今後もしカルデラ噴火が起きるときに、数年前からなにかが分かるのか、どんな順序でどんな前兆があるのかは、まったく未知数なのである。

もし将来、この種の巨大なカルデラ噴火が起きると、噴火そのものやそこから出る火山灰の影響で、最悪は一億二〇〇〇万人の死者が出るとの予想が、巽博士によって出されている。日本人のほとんどが死に絶えてしまう規模である。大量の難民も生まれるに違いない。

九州での噴火が影響甚大

この種の「次のカルデラ噴火」がもし九州に起きると、九州はもちろん壊滅的な被害を生じるが、偏西風のために影響は日本全体に及ぶ。この一億二〇〇〇万人の死者という試算は九州でカルデラ噴火が起きたときのものだ。

本州や北海道で起きれば、それぞれの足許では大災害になるだろうが、日本全体としては別の数字になるかもしれない。

噴火としてはけた違いに大きなカルデラ噴火は、いままで日本では一〇回以上も起きたことが分かっている。それゆえ、日本でこれからカルデラ噴火が永久に起きないことはあり得ない。短ければ数千年ごとにこれからも起き続けるに違いないのである。

日本最後の鬼界カルデラ噴火から七〇〇〇年余りたった。平均的なカルデラ噴火の間隔からいえば、日本で次のカルデラ噴火が、いつ起きても不思議ではない時期になっている。

第6節　「地震波トモグラフィー」という手法を使えば

CTスキャンと同じ原理

現在の科学では、噴火の「元」である地下のマグマ溜りやその大きさを見ることは出来ない。たとえカルデラ噴火を起こすような巨大なマグマ溜りでも、それがどこにあって、どのくらいの大きさなのかも見えないのである。

しかし、将来は精密な「地震波トモグラフィー」という手法を使えば、この種の地下のマグマ溜りを見ることが出来るようになる可能性がある。ある火山の下にあるマグマ溜まりの大きさや広がりを知ることが出来れば、噴火予知にも役立つに違いない。

地震波トモグラフィーとは、火山地帯に地震計を数百個、比較的長期間置いて、四方八方で起きる無数の地震波を精密に観測する手法だ。たいへんな手間と時間を要する研究である。火山以外では地球深部を見るためなどに使われている手法だ。

この手法は地震学では使われていて、プレートが地球の中に数百キロの深さまで深く潜って行っているありさまが明らかになってきている。

この手法は、近頃よく行われている。身体の中を精密に透視するCTはコンピューテッド・トモグラフィーの略で、同じ原理を使ったトモグラフィーである。

残念ながら、地球の中を見るトモグラフィーは、身体の中を見るトモグラフィーほど、精密な画像は得られない。まだ、ぼんやりした画像しか得られていないのである。

これは観測できるデータの密度や数の問題だ。身体の中を調べるトモグラフィーは、何十万というデータを得られるのに対して、地球を調べるトモグラフィーのデータ数は、まだ、圧倒的に少ないのである。

第7節 「ミューオン」を使えば

素粒子で地球内部を探る

このほか最近では、火山内部の透視手法としてはミュー粒子（ミューオン）を使う方法も試みられている。

ミュー粒子とは宇宙線が地球の大気と衝突して次々に生まれている素粒子だ。その寿命は一〇〇万分の二秒しかないが、一平方メートル当たり毎分一万個も飛んでいる。岩も簡単に通過する透過力が強い素粒子である。人体ももちろん突き抜けてしまっているが、身体への影響はない。

たとえば原子炉や核兵器に使われるウランやプルトニウムは特別に密度が大きいのでこのミュー粒子を使う透視手法が有効だと思われている。ウランやプルトニウムの密輸を防ぐために、怪しいと思われる船積み用のコンテナ輸送容器を開けずに外部からスキャンするための装置が、すでに米国で使われている。

また、エジプトのピラミッドの内部構造を調べる研究も行われてきた。

地下深くのマグマは分からない

このように、ミュー粒子を使った透視は、密度の違うものがあれば、それを表示できる。日本では浅間山や北海道の昭和新山などで火山帯の中にあるマグマなどを見ようと実験的に始まったばかりだが、まだぼんやりした画像ながら、少しずつ火山の内部が分かってきている（図⑲）。

図⑲：ミューオンの観測装置。高さは 1.2m ほど＝島村英紀撮影

しかし、ミュー粒子を使った透視を火山に応用するには大きな制約がある。それはミュー粒子が上空から飛び込んできているものだから、火山の内部のうちでも上部にあるマグマは見えても、火山の下部や、火山より下のものは見えないことだ。

このため、火山より下、

地下深くにあるマグマ溜りは見ることが出来ない。

とくに富士山ではマグマ溜まりがほかの火山よりも深いところにある可能性が高い。それは低周波地震が起きている場所が、地下一五～二〇キロと深いことからも推定できる。

その意味ではたとえミューオンを使う手法が進歩したとしても、富士山のマグマ溜まりを解明するには遠い。

しかし、トモグラフィーやミューオンを使った透視などで、いままで見えなかった火山体の内部が見えるようになるのは大きな進歩である。これからも、この種の火山物理学の知識が蓄積することで、火山についての科学は進んでいくことだろう。

第8節　原子力発電所にとって噴火は大問題

マグマと原子炉が接触する日

原子力発電所にとって噴火は大きな問題である。一〇〇年ごとに四～六回起きてきた「大噴火」はこの一〇〇年ほどは起きていないから忘れている日本人も多いが、また日本を必ず襲って来る噴火である。一〇〇年ぶりの「大噴火」にどこかの原子力発電所が襲われる可能性は、日本のどこになるかは分からないが、けして低くはない。

噴火が起きて停電や断水が起きたときに、福島原子力発電所で起きたような電源喪失による事故がまた起きないという保証はない。しかも小規模の噴火ならいざ知らず、大規模な噴火となれば、被害の範囲も規模もずっと大きくなる。

前に述べたように、約九万年前に起きた阿蘇山のカルデラ噴火では、火砕流が瀬戸内海を越えて中国地方まで襲った。このときの火山灰は北海道までの日本全国を覆ったことが分かっている。

つまり、もしカルデラ噴火が起きれば、全国的な災害になる可能性が高いのだ。カルデラ噴火は、前に述べたように、文明が途絶えるほどの規模の噴火になることがある。かつて世界のこの種の噴火が文明を途絶えさせ、世界中に影響したことも知られている。

放射性廃棄物をマグマが襲う日は必ず来る

地球物理学から見れば、日本でこれからカルデラ噴火が永久に起きないことはあり得ない。日本では数千年に一度ずつ繰り返されてきたし、最後の噴火は七三〇〇年ほど前だから、単純な計算では、今後、いつ起きても不思議ではない。今後、意外に近いときに、また起きるかも知れないのである。

数千年という時間は、普通の生活をしている限りは遠い話に聞こえるだろう。しかし、原子力発電所や、そこで必ず出る放射性廃棄物処理では話は別だ。放射性廃棄物は、少なくとも数万年の間、管理しなければならないものだからである。

第9節　スカンジナビア半島の上昇

安全な地下施設にもどうなるか分からない

日本以外の国ではこの種の問題はないのだろうか。

フィンランドの南西部にあるオンカロで原子力発電所から出る放射性廃棄物を地下に埋めるオンカロ処分場の工事が始まっている。ここは人類が知っている限りは地震がないといわれているところだ。花崗岩に深さ約五〇〇メートルものトンネルを掘って処分場を作っているのだ。一〇万年間、人が立ち入らない管理をしようという計画である。

一〇万年後に、どんな人類がいて、どんな言語を解するのか、いまの知識では分からない。なにせ人類が地球に生まれてから、まだ四～五万年しかたっていない。このため、将来の人類が見て分かる絵文字の表示などが検討されているという。

しかし地球物理学者としては、こんな遠い未来までは、世界のどこでも地震や大噴火など、何が起きるか分からない。とても保証できないのである。

そのスカンジナビア半島は、一万年前まで続いた氷河期には、広く氷河に覆われていた。氷河期が終わってから氷河が後退し、人類がしだいに北上して住み着いたところがスカンジナビア半島なのである。

スカンジナビア半島は、その上に載っていた厚さ三〇〇〇メートルにも達していた氷河が消えたために、その後はずっと半島全体の地面が上昇を続けている。つまり大きな地殻変動が記録され続けているところなのである。

これは地球内部にあるマントルにスカンジナビア半島の地殻が「浮いて」いるためで、上に載っている氷河が軽くなった分だけ、バランスをとるためにマントルが地殻全体を押し上げ続けているためである。

大地が三〇〇メートルも持ち上がった

この上昇は、大きいところではすでに三〇〇メートルを超えた。また、いまでも毎年一センチほど上がり続けている。毎年一センチは小さいと思うかも知れない。だが一〇〇年間で一メートルにもなる。一〇〇年前に使えた港が使えなくなってしまったところも出ている。フィンランドも、このスカンジナビア半島全体が上昇しているのと同じに上昇している。

氷河の融解後のこの上昇はカナダなど北米大陸でも起きている。カナダの北にあるハドソン湾では、古老たちが昔はなかった島がいくつも浮いてきているのを見ている。これも、氷河が消えて海底面が上がって来たせいだ。

この上昇は地殻変動だけではなく、地震も起こしたことが知られている。たとえばスカンジナビア半島の北部では八〇〇〇～九〇〇〇年前にマグニチュード7クラスの地震が起きた痕跡が残っている。

やはり大地震が起きている

このほか近年にもノルウェーでも一八世紀以降だけでも、一七五九年、一八一九年、一八六六年、一九〇四年、一九九六年の五回にわたってマグニチュード4～6の地震が起きている。

これらは直下型地震で、いずれも地震が起きた近傍ではかなりの被害を生じかねない地震だ。そこに原子力発電所や核廃棄物の貯蔵施設があれば、大きな影響を受けるだろう。なお、ノルウェーはスカンジナビア諸国の中では地震観測や地震研究が進んでいる国だ。ふだん起きているもっと小さな地震の観測能力も、大きな地震の震源決定能力も高い。

オンカロはノルウェーの東隣のフィンランドにある。フィンランドの地震研究はノルウェーよりも遅れているが、ノルウェーと同様の地震がいままで起きてきた可能性は高い。これからも地震が起きないとは言えないところだ。

第10節　地球物理学では一〇万年先まで大地震や大噴火が起きないとは言えない

プレートの動きが原因でない大地震もある

現在の地震学や火山学では、日本はもちろん、世界のどこでも一〇万年先まで絶対に大地震や大噴火や大きな地殻変動が起きないと保証出来るレベルではない。

プレートの境界ではないところなら大丈夫なのだろうか。そんなことはない。ヨーロッパ以外でも、現在のプレート境界ではないところ、つまりプレート・テクトニクスでは大地震が起きるはずのないところで大地震が起きたことがある。

たとえば近年は地震がまったく起きていない米国東南部のミズーリ州やアーカンソー州を中心に一八一一～一八一二年に「ニューマドリッド地震」が起きた。これはマグニチュード8の地震が複数回起きたものだ。

この地震も氷河の融解の影響ではないかという学説が最近出されている。北米大陸の氷河の融解による影響で、もともとあった氷河の下ではなくても、その外側で地下の応力が変わり、数千年後に起きたのではないかというのだ。

スカンジナビア半島で過去に起きた地震とは違って、氷河の下ではなくても周辺でも地震が起きるかも知れない。だとしたら、ほかでも同じような「意外な大地震」が起きるかもしれない。

いま安定しているように見える場所でも、千年とか万年とかの単位では変動が起きて大地震が起きることは十分にあり得ることなのである。

日本はリスク大国

日本は、地球物理学者から見れば、四つものプレートが衝突しているというモザイクのような成り立ちだ。そのモザイクでは地震も噴火も起きる「理由」が多い。

たとえばモザイクの境に活断層が出来ている。このため、数千というおびただしい数の活断層があり、あちこちで力がかかり、歪みが溜まっているのが日本なのである。

それぞれの活断層がいつ次の地震を起こすか分からない、だが、いずれは直下型の大地震を起こす可能性が否定できないものだ。

普通の人生を送っているかぎりでは、個々の活断層を心配することはないかもしれない。だが、放射性廃棄物は、少なくとも数万年の間、管理しなければならないものだから、話が違う。

これからも「大噴火」や「カルデラ噴火」、そして大地震が避けられない狭い国で原子力発電所を持ち、そこから出る放射性廃棄物を数万年の単位で長期間にわたって管理しなければならない核燃料を扱うことはなんとも無謀なことに見える。

おわりに　火山国ニッポン

火山の恩恵

火山の災害に苦しめられてきた一方で、私たちは火山の大きな恩恵にも浴している。日本人が風光を愛で、温泉を楽しみ、四季を味わえるのも、プレートの衝突で作られた火山の「おかげ」である。

日本海沿岸の冬の降雪、空っ風などの日本の気候も火山地形が作ってきた。北西からの冬の季節風が日本海の上空を通ったときに海からの湿った空気を吸い、それが日本の中央部にあるプレートが作った山脈にぶつかって大量の雪を降らせ、その結果、乾いた風が太平洋岸の冬の気候を作っているのである。

日本列島の地形の多くは火山が作ったものだし、日本でいちばん有名で観光客も多い富士箱根伊豆国立公園をはじめ、国立・国定公園のうち多くや、多くのスキー場のスロープも火山が作ったものである。また温泉はいうまでもなく火山と同じ「根」である地下のマグマが地下水を温めて作ったものだ。豊富な地熱があってエネルギー源として使えるのも火山の恩恵である。

噴火して火山の山体が作られたあとは、火山は大量の水の「天然の浄水装置」になる。つまり平地よりも雨が多い山地で集めた雨水が火山体の中を伏流水として通って漉され、火山の麓から大量の湧水として出てくるのだ。この大量の湧水は工業にも使われる。たとえば富士山の南側の山麓にある富士市などの製紙工業や写真フィルムの工業が発達したのも大きな山体を持つ富士山の伏流水のおかげである。

火山灰が降り積もったところでは噴火によって一時的には植生が破壊されてしまう。だが噴火後しばらくたつと植生が回復するし、農作物も収穫できる。火山灰には作物にとって必要な栄養分も含まれる。

昔から火山が繰り返し噴火したところでは火山灰が厚く積もって土になり、そこにその土に適した桜島大根やレタスなどの作物を作る農業が行われていることが普通である。

いままでの一〇〇年は「異常に」火山活動も首都圏の地震も少なかった

自然現象としての地震や噴火は昔から起きてきていることだ。これらが起きても人が住んでいなければ災害は起きない。自然現象と社会の交点で災害が起きるのだ。

しかも文明が進むたびに災害が大きくなる。歴史を振り返ると対策は被害をいつも追いかけてきた。

これから来る災害はいままでになく大きくなる可能性がある。地震や噴火の危険が以前よりも増えてきていると思って備えることが大事なことなのである。

とても危ないところに、知らないで住み着いてしまったのが私たち日本人なのである。だが述べてきたようにプレートの恩恵もある。噴火は瞬間的、一過性のものだが、その他の長い時代は恩恵に浴しているわけである。

日本列島に住み着いた私たちは、恩恵を十分受ける一方で災害も受け入れざるを得ない。災害があり得るということをふだんから考えていることが、何より大事なことで、災害に備える基本だと思う。

地球のスケールは大きいし長い。人間の知っている知識は、まだごく限られているということを忘れてはいけないのだろう。

こういったことを知っている地球物理学者としては、日本で原子力発電所を持つのは無謀であると言わざるをえない。

たとえば大陸プレートの真ん中のように安定した地殻のところなら別かも知れないが、数千年に一度はカルデラ噴火があり、日常的にプレートが動いている日本のようなところで原子力発電所を持ち、数万年にわたって放射性廃棄物を管理しなければならないことは無謀な試みと言わざるを得ないからである。

富士山は、理由は分かっていないが三〇〇年間、静かな「異例の」状態が続いている。また、いままでの一〇〇年あまりは「異常に」日本の火山活動も、首都圏の地震も少なかった。

しかし、この異常さはいつまでもは続かない。日本の火山の活動は、とくに東北地方太平洋沖地震（二〇一一年）をきっかけにして、「普通」に戻って不思議ではないのだ。

私たち日本人は、もちろん火山やプレート活動の恩恵を受けている。しかし同時に、地震国・火山国に住む覚悟と智恵を持っているべきであろう。

この本を出版するにあたって、花伝社の平田勝社長から強いお薦めがあり、また同社の水野宏信さんには、多くの編集の作業の労をとっていただいた。感謝したい。

島村英紀（しまむら・ひでき）

1941年東京生まれ。東京大学理学部卒。同大学院修了。理学博士。東大助手、北海道大学助教授、北大教授、CCSS（人工地震の国際学会）会長、北大海底地震観測施設長、北大浦河地震観測所長、北大えりも地殻変動観測所長、北大地震火山研究観測センター長、国立極地研究所長を経て、武蔵野学院大学特任教授。ポーランド科学アカデミー外国人会員（終身）。自ら開発した海底地震計の観測での航海は、地球ほぼ12周分になる。趣味は1930－1950年代のカメラ、アフリカの民族仮面の収集、中古車の修理、テニスなど。

メールアドレスはshimamura@hot.dog.cx
ホームページは「島村英紀」で検索

富士山大爆発のすべて――いつ噴火してもおかしくない

2016年9月25日　初版第1刷発行

著者 ――島村英紀
発行者 ―平田　勝
発行 ――花伝社
発売 ――共栄書房
〒101-0065　東京都千代田区西神田2-5-11 出版輸送ビル
電話　03-3263-3813
FAX　03-3239-8272
E-mail　kadensha@muf.biglobe.ne.jp
URL　http://kadensha.net
振替　00140-6-59661
装幀 ――黒瀬章夫（ナカグログラフ）
印刷・製本 ―中央精版印刷株式会社

ISBN978-4-7634-0794-8　C0044